IDV-Lernprogramm
Algebra für EDV

IDV-Lernprogramm

Herausgegeben vom
Institut für elektronische Datenverarbeitung Zürich

1974
DE GRUYTER Berlin/New York · HAUPT Bern

Algebra für EDV

Ein PU-Lehrgang mit Repetitorium
Aufgaben und
Lösungen in
COBOL und FORTRAN

1974
DE GRUYTER Berlin/New York · HAUPT Bern

Autorenteam: IDV AG für EDV-Ausbildung Zürich

Printed in Switzerland.
ISBN 3 11 003850 1 (de Gruyter)
ISBN 3-258-01286-5 (Haupt)

Das vorliegende Lernprogramm wie auch diverse andere IDV-Lernprogramme, zu denen komplette Lehrerunterlagen erhältlich sind, können auch als LOSEBLATTWERKE bei IDV AG für EDV-Ausbildung, Ottikerstr. 22, CH-8006 Zürich, bezogen werden.
Das LOSEBLATTVERFAHREN ermöglicht es, den Inhalt des Lernprogrammes laufend auf dem neuesten Stand zu halten.

STECKBRIEF ZUM LERNPROGRAMM "ALGEBRA FÜR EDV"

Zielgruppe	Zukünftige EDV-Fachleute und Programmierer, Sachbearbeiter und Koordinatoren, die in irgend einer Form mit EDV zusammenarbeiten müssen.
Lernziel	Nach erfolgreichem Studium dieses Lernprogrammes ist der Leser in der Lage, Rechenvorgänge computermässig zu formulieren und die für Computer gebräuchlichen Zahlensysteme zu verstehen.
Vorkenntnisse	Es werden keine speziellen Algebra-Kenntnisse vorausgesetzt.
Bearbeitungszeit	Ungefähr 20 bis 30 Stunden, dabei beachten Sie bitte unsere Hinweise in den Abschnitten Lernanweisung und Lernmethode.
Erfolgskontrolle	nach jedem Lernabschnitt und nach jedem Kapitel. Zudem besteht die Möglichkeit, nach dem Durcharbeiten des ganzen Lernprogrammes, sich an unserer EDV-Fachschule zur Schlussprüfung zu stellen.
Lernmethode	vergl. Abschnitt über IDV-Lernmethode
Anschlussprogramme	Programmablaufplanung, Problemanalyse, Umstellung auf ADV

Wir wünschen Ihnen viel Erfolg beim intensiven Studium und freuen uns, wenn wir auch in Form weiterer Lernprogramme Ihr Begleiter sein dürfen.

IDV AG für EDV-Ausbildung

Zürich, Oktober 1973

Lern - Tips

Wenn Sie diesen Kurs durcharbeiten, so denken Sie daran, dass Sie Ihre Lernumgebung so gestalten, dass der Erfolg auch von dieser Seite gefördert wird. Beachten Sie ferner folgende Punkte:

1. Stundenplan

   Bevor Sie mit dem Studium des Kurses beginnen, legen Sie sich einen Stundenplan bereit. Halten Sie sich während des Studiums streng daran. Uebrigens: Wissen Sie, dass es Stunden gibt, an denen man leistungsfähiger ist als an anderen? Gestalten Sie den Stundenplan danach.

2. Inhaltsverzeichnis

   Damit Sie während des Studiums die Uebersicht über den Stoff nicht verlieren, blättern Sie regelmässig (z.B. nach Absolvieren eines Lernabschnittes) zum Inhaltsverzeichnis zurück. Prüfen Sie am Ende eines Kapitels anhand des Inhaltsverzeichnisses, ob Sie sagen können, was unter den einzelnen Titeln behandelt wurde.

3. Aufgaben und Fragen

   Die Aufgaben und Fragen wurden in den Kurs eingebaut, damit Sie sich Rechenschaft über den Lernerfolg geben. Verfallen Sie nicht der Selbsttäuschung, indem Sie zuerst die richtigen Antworten konsultieren und dann schauen, ob Sie auf dasselbe Resultat kommen. Den Lernerfolg können wir Ihnen nur in Aussicht stellen, wenn Sie die Fragen unabhängig von den Lösungen beantworten. Sollte Ihre Lösung nicht mit der unsrigen übereinstimmen, konsultieren Sie die ausführlichen Antworten am Schluss des Lernprogrammes. Beachten Sie die Repetitionshinweise.

4. Lernen

   Dieses Lernprogramm ist relativ umfangreich. Das soll Sie aber nicht schrecken, denn Sie haben wenig auswendig zu lernen. Sie müssen vielmehr versuchen, den vorgelegten Gedankengängen zu folgen und diese zu verstehen.

   Lassen Sie sich nicht entmutigen, wenn Sie etwas nicht auf Anhieb verstehen. Halten Sie sich nicht endlos bei Einzelheiten auf, sondern streichen Sie die nicht verstandene Stelle an. Kehren Sie erst am Ende des Kapitels zu dieser Seite zurück. In den meisten Fällen hat sich der "Knopf" in der Zwischenzeit von selbst gelöst, wenn nicht, lesen Sie den früheren Stoff, der sich auf diese Stelle bezieht, nochmals durch.

   Streichen Sie jene Dinge an, die Ihnen wichtig erscheinen und schreiben Sie momentane Erkenntnisse an den Rand oder an die hierfür vorgesehene Stelle auf jeder Seite. Sie werden sehr viel profitieren!

Falls dies das erste Lernprogramm des IDV (Institut für Elektronische Datenverarbeitung) ist, das Sie in die Hand nehmen, so machen Sie sich bitte zuerst mit der auf der folgenden Seite gezeigten Lernmethode vertraut.

Wir wünschen Ihnen viel Erfolg.

Die **Veranschaulichungen** auf der linken Seite helfen dem Lernenden die Zusammenhänge schneller zu entdecken. Sie tragen auch zur Einprägung der neuen Kenntnisse weitgehend bei. Die Verbindung der Diagramme, Bilder und Übersichten zum Text wird durch eingekreiste Bezugsnummern hergestellt.

Ein **Lernkonzentrat** ist für das dauerhafte Behalten des Lernstoffes vorgesehen. Ausser den Repetitionshinweisen dienen den notwendigen Wiederholungen hauptsächlich die mit einer grösseren Schrift gedruckten Anschriften auf den linken Seiten.

Die **Hauptinformation** ist möglichst einfach verfasst, wobei die erforderliche Präzision nicht gefährdet wird.

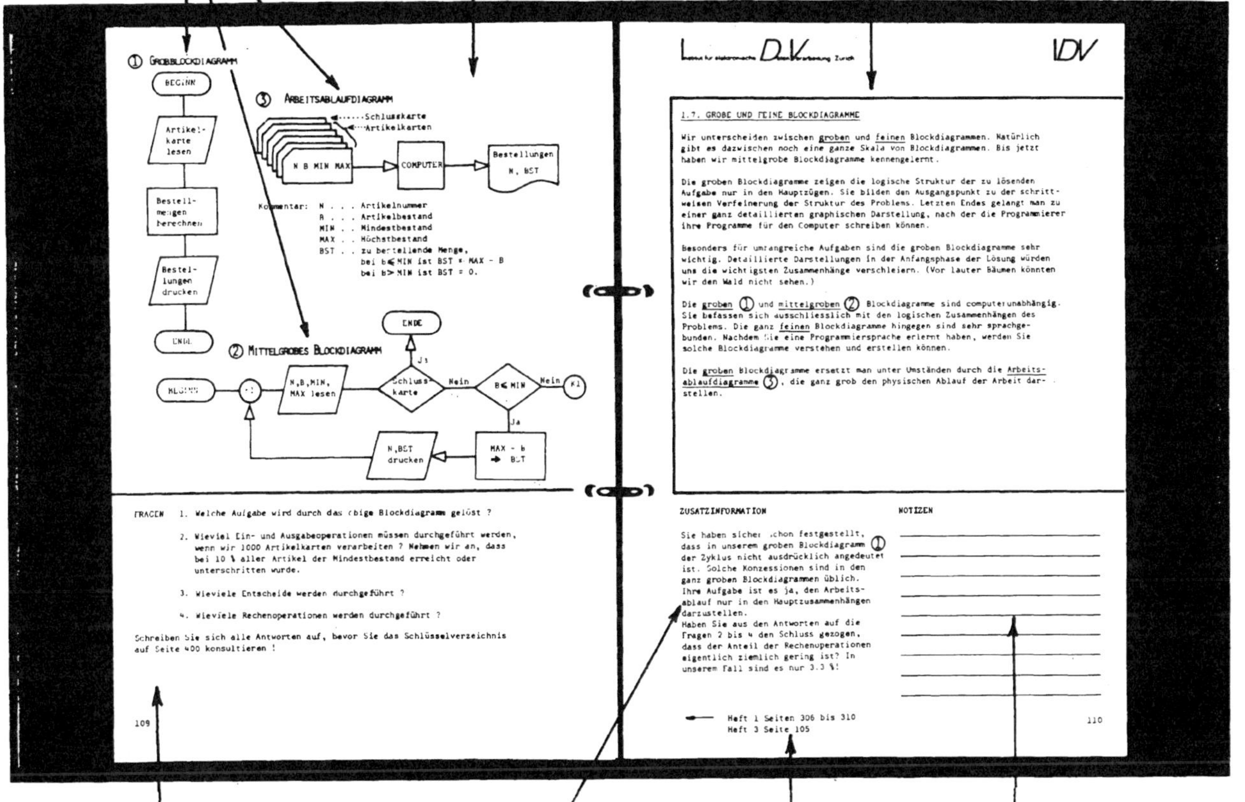

Die **Bestätigung des Lernfortschritts** erfolgt nach jedem Lernschritt durch genau gezielte Fragen oder Aufgaben. Im unteren Beispiel sind links unten vier Fragen gestellt, deren Lösungen im separaten Schlüsselverzeichnis zu finden sind. Oft werden auch alternative Antworten angeboten, unter denen der Lernende zu wählen hat. Die Art der Frage- und Aufgabenstellung richtet sich nach der Art des Lernstoffes im betreffenden Lernschritt.

Die **Zusatzinformation** rechts unten hilft einem weniger begabten Lernenden, den Text des Lernschrittes zu begreifen. Falls der Text richtig verstanden wurde, erübrigt sich das Studium der Zusatzinformation. Dadurch wird Zeit erspart.

Für eigene **Notizen** des Lernenden steht auf der Doppelseite rechts unten ein leerer Platz zur Verfügung.

Durch **Repetitionshinweise** auf der rechten Seite ganz unten wird der Lernende auf Seiten verwiesen, wo er seine Kenntnisse auffrischen könnte. Diese Hinweise sind mit der Zusatzinformation ein Mittel für das Differenzieren der Lernenden nach ihren Lerneigenschaften.

INHALTVERZEICHNIS

1. Arithmetische Operationen

① Roemische Zahlzeichen

I , V , X , L , C , D

Das Zahlzeichen M (mille = Tausend) wurde erst im Mittelalter eingeführt.

② Rechnen mit roemischen Zahlen

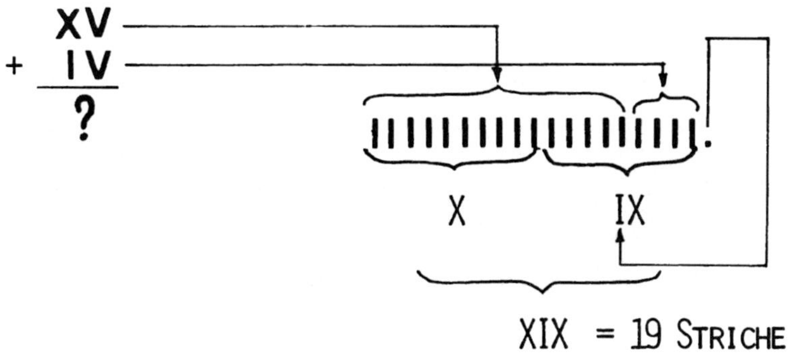

③ Arabische Ziffern

0 , 1 , 2 , 3 , 4 , 5 , 6 , 7 , 8 , 9

FRAGE	ANTWORT	IHRE LOESUNG
1. 276 ist	A. Eine Zahl B. Eine Ziffer C. Ein Zahlzeichen	○
2. 7 ist	A. Eine Zahl B. Eine Ziffer C. Ein Zahlzeichen	○

1.1. ZIFFERN

Wir müssen uns von Anfang an die mathematische Genauigkeit aneignen. Das hilft uns später, bei der elektronischen Datenverarbeitung, ganz erheblich. So z.B. werden wir die Ziffern von den Zahlen unterscheiden.

Die Ziffern sind Zeichen, mit denen die Zahlen geschrieben werden können.

Die Ziffern sind also Zahlzeichen. Bei den meisten alten Völkern waren es Buchstaben ihres Alphabets ① . Das Zeichen V zum Beispiel hatte bei alten Römern zweierlei Bedeutung. Als alphabetisches Zeichen entsprach es unserem W, als Ziffer bezeichnete es fünf Gegenstände.

Das Rechnen mit solchen Zahlzeichen war recht unbequem ② .

Unsere heutigen Ziffern ③ stammen ihrer Form nach aus Indien. Sie wurden von den Arabern im 12. Jahrhundert nach Europa gebracht.

Diese "arabischen" Ziffern eigneten sich ausgezeichnet zum Rechnen. Das erste systematische Werk über die Gleichungslehre hiess im 9. Jahrhundert " ilm aldschabr wa l-mukabala ." Genau tausend Jahre blieb der Name Algebra für die Lehre vom Gleichungslösen vorbehalten. Erst vor hundert Jahren begann die explosive Ausdehnung der Benennung Algebra auf verallgemeinerte Strukturprobleme. Sie brauchen jedoch keine Angst zu haben, wir bleiben schön und brav bei den einfachsten algebraischen Begriffen und Regeln.

NOTIZEN

① ZAHLWORT

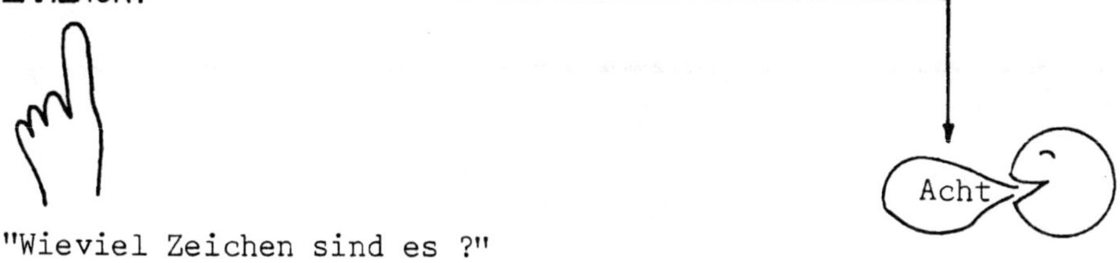

"Wieviel Zeichen sind es ?"

② ZAHL : 8

③ WIR RECHNEN MIT ZAHLEN : 8 + 4 = 12

④ ZAHLENGERADE

⑧ NATUERLICHE ZAHLEN

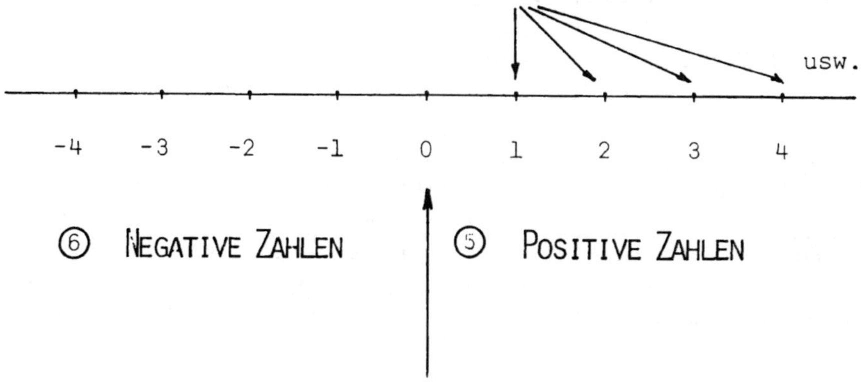

⑥ NEGATIVE ZAHLEN ⑤ POSITIVE ZAHLEN

⑦ NULL

FRAGE	ANTWORT	IHRE LOESUNG
1. Was ist 4 ?	A. Eine Ziffer. B. Eine Zahl. C. Die Frage ist nicht eindeutig. Beides ist möglich.	○
2. Was ist 14 ?	A. Eine Ziffer. B. Eine Zahl. C. Die Frage ist nicht eindeutig. Beides ist möglich.	○
3. Was fällt unter die Bezeichnung "nichtpositive Zahlen" ?	A. Die negativen Zahlen. B. Die Null und die negativen Zahlen. C. Alle Zahlen mit einem Minusvorzeichen.	○

1.2. ZAHLEN

Mit einem Zahlwort antworten wir auf die Frage "Wieviel ?" ① . Die entsprechende Zahl ② ist 8.

In diesem Beispiel besteht die Zahl 8 aus einer einzigen Ziffer, und zwar 8.

Mit den Zahlen können wir rechnen ③ . Die Zahlen bestehen aus einer oder mehreren Ziffern. Auf Ihrem Zahlenlottoschein werden die Zahlen durch Ziffernkombinationen angegeben. Sie müssen die gezogenen Zahlen erraten, nicht die Ziffern !

Sie werden im Kapitel drei den grundlegenden Unterschied zwischen Ziffer und Zahl anhand der Umwandlung der Zahlen aus einem Zahlensystem in ein anderes genau erkennen.

Zur bequemen Veranschaulichung der Zahlen dient uns die Zahlengerade ④ . In unserer Abbildung sind nur die ganzen Zahlen dargestellt. Wir unterscheiden die positiven Zahlen ⑤ , die negativen Zahlen ⑥ und die Null ⑦ .

Merken Sie sich bitte: Wenn wir zwei Zahlen wertmässig vergleichen, dann ist die linksstehende Zahl (auf der Zahlengerade) immer kleiner als die rechtsstehende. Beispiele: 2 ist kleiner als 3, - 3 ist kleiner als - 1, - 2 ist kleiner als Null.

Die positiven ganzen Zahlen nennt man natürliche Zahlen ⑧ .

NOTIZEN

← Seite 17

① GEBROCHENE ZAHL (Beispiel): 14.25

③ BRUCHTEIL

④ DEZIMALPUNKT

② GANZER TEIL

⑤ PROGRAMMAUSCHNITT

```
MOVE 2.75 TO PR
COMPUTE W = PR * 1.2
GO TO KONTR.
```

⑥ AUSCHNITT AUS EINER LISTE
(vom Computer gedruckt)

39.40	1,576.00
39.50	1,580.00
39.60	1,584.00
39.70	1,588.00
39.80	1,592.00
39.90	1,596.00

⑦ GANZE ZAHL ALS GEBROCHENE ZAHL GESCHRIEBEN

IHR BEZUG AM 23.02.71 IN ZUERICH (SKA) FR. 200.00

TOTAL FR 200.00

VAL. 23.02.71

⑧ UNTERSCHIEDLICHE FORM BEI GLEICHEM WERT

10.00 : 8 = 1.25 10 : 8 = 1

KANN BEI ZWISCHENRESULTATEN FUER UEBERRASCHUNGEN SORGEN.

1.3. GEBROCHENE ZAHLEN

Eine gebrochene Zahl ① besteht aus dem ganzen Teil ② und dem Bruchteil ③ . Diese beiden Teile sind durch einen Dezimalpunkt ④ voneinander getrennt.

Sie sind wahrscheinlich eher auf ein Komma als Trennzeichen zwischen dem ganzen Teil und dem Bruchteil einer gebrochenen Zahl gewöhnt. Bei der Programmierung ⑤ und sehr oft auch in der von Computern gedruckten Listen ⑥ wird jedoch der Dezimalpunkt verwendet. Es bleibt uns nichts anderes übrig, als uns umzustellen !

Was würden Sie sich denken, wenn Ihr Freund den folgenden Satz in einem Brief an Sie schreiben würde:
"Am Sonntag waren bei uns 4.00 Gäste. Das war lustig !"

Dumm, nicht wahr ! Es waren einfach 4 Gäste. Wie konnte er eine ganze Zahl in Form einer gebrochenen Zahl schreiben ?

Sie sind aber gar nicht überrascht, wenn auf Ihrem Kontoauszug etwas ähnliches vorzufinden ist ⑦ .

Für uns Menschen sind 1700.00 Fr. genau das gleiche wie 1700 Fr. Für den Computer ist zwar der Wert in beiden Fällen auch der gleiche, die Behandlung der beiden Formen der Zahl ist von seinem Standpunkt jedoch verschieden ⑧ . Also VORSICHT !

ZUSATZINFORMATION

In den USA wird sehr oft folgender Unterschied zwischen Punkt und Komma gemacht:

1,000,000.00 $ = 1 Mio $

NOTIZEN

① BRUCH = GEBROCHENE ZAHL

$$\frac{1}{4} = 0{,}25$$

1/4 = 0,25
↑
PROGRAMMSCHREIBWEISE

② WENN MOEGLICH GEBROCHENE ZAHL ANSTATT BRUCH

In diesem Fall wird der Computer zuerst eins durch vier dividieren und erst dann A mit 0.25 multiplizieren

```
COMPUTE X = (1/4) * A
```

Berechne $x = \frac{1}{4} \times a$

In diesem Fall wird der Computer nur das A mit 0.25 multiplizieren

```
COMPUTE X = Ø.25 * A
```

Berechne x = 0.25 x a

* wird bei Programmierung als Multiplikationszeichen benützt.

③ BRUCH = $\frac{\text{ZAEHLER}}{\text{NENNER}}$ NULL IM NENNER =

NIE WIEDER

~~$\frac{13}{0}$~~

FRAGE	ANTWORT	IHRE LOESUNG

Welche gebrochenen Zahlen entsprechen den folgenden Brüchen:

1. $\frac{2}{7}$

A. 2.7
B. 2.8571 ...
C. 0.28571 ...

2. $\frac{0}{7}$

A. Nicht definiert, deshalb verboten
B. 0
C. 1

3. $\frac{7}{0}$

A. 1
B. Nicht definiert, deshalb verboten.
C. 7

4. $-\frac{1}{5}$

A. Nicht definiert, deshalb verboten.
B. - 0.5
C. - 0.2

1.4. BRUECHE

Jeden Bruch kann man als eine gebrochene Zahl schreiben (1) . (Dieser Satz ist nicht ganz genau, aber die Ausnahmen interessieren uns im Moment nicht). Zu dieser Umwandlung ist jedoch das Dividieren notwendig. Deswegen werden wir in unseren Computerprogrammen, wenn immer möglich, gebrochene Zahlen anstelle von Brüchen schreiben. (2) .

Wissen Sie, was strengstens verboten ist ? Eine Null im Nenner ! (3)

Die Null ist überhaupt ein heimtückisches Wesen. Wir werden uns darüber bald mehr unterhalten können. Die Babylonier vor Viertausend Jahren waren noch gut daran. Die hatten in ihrem Zahlzeichenvorrat kein Symbol für die Null. Unsere Schwierigkeiten haben wir den Indern zu verdanken, die Ende des achten Jahrhunderts die Null erfunden haben. (Was allerdings eine grosse Denkleistung vorstellt und erst den vollständigen Ausbau eines Rechensystems erlaubt !)

Null im Nenner bedeutet, durch Null dividieren. Die Division ist aber überprüfbar durch eine Multiplikation.

z.B. $8 : 4 = 2 \Longrightarrow 2 \times 4 = 8$

$8 : 0 = ? \Longrightarrow 0 \times ? = 8$

d.h. anstelle des ? können Sie jede beliebige Zahl setzen, die Multiplikation wird als Ergebnis immer 0 geben, da 0 x Zahl = 0.

ZUSATZINFORMATION

$\frac{8}{2} = 4$, was keine gebrochene Zahl ist. Aber

$\frac{8}{2} = 4.0$ ist eine gebrochene Zahl, weil sie den Dezimalpunkt beinhaltet.

← Seite 21

NOTIZEN

① ERWEITERN

$$\frac{1}{2} = \frac{2}{4} = \frac{3}{6} = \frac{4}{8} = \text{usw.}$$

ALLGEMEIN

$$\frac{N}{M} = \frac{N * K}{M * K}$$

BEISPIEL

$$\frac{3}{7} = \frac{3 * 5}{7 * 5} = \frac{15}{35}$$

② KUERZEN

$$\ldots = \frac{4}{8} = \frac{3}{6} = \frac{2}{4} = \frac{1}{2}$$

ALLGEMEIN

$$\frac{N}{M} = \frac{N / K}{M / K}, \quad K \neq \emptyset$$

③ ↓ (bei $K \neq \emptyset$)

BEISPIEL

$$\frac{15}{35} = \frac{15 / 5}{35 / 5} = \frac{3}{7}$$

④ ADDITION UND SUBTRAKTION

$$\frac{1}{4} + \frac{2}{4} = \frac{3}{4} \qquad \frac{7}{9} - \frac{5}{9} = \frac{2}{9}$$

⑤ VORBEREITUNG FUER ADDITION UND SUBTRAKTION

$$\frac{1}{4} + \frac{2}{3} = \frac{1 * 3}{4 * 3} + \frac{2 * 4}{3 * 4} = \frac{3}{12} + \frac{8}{12} = \frac{11}{12}$$

(Nenner: 12 = 12)

$$\frac{2}{3} + \frac{1}{6} = \frac{2 * 2}{3 * 2} + \frac{1}{6} = \frac{4}{6} + \frac{1}{6} = \frac{5}{6}$$

(3 * 2; Nenner: 6 = 6)

$$\frac{2}{4} + \frac{1}{2} = \frac{2 / 2}{4 / 2} + \frac{1}{2} = \frac{1}{2} + \frac{1}{2} = \frac{2}{2} = 1$$

(2 * 2; KUERZEN; Nenner: 2 = 2)

1.5. ERWEITERN UND KUERZEN VON BRUECHEN

Der Wert eines Bruches wird durch gleichzeitiges Multiplizieren des Zählers und des Nenners nicht verändert ①. Diesen Vorgang nennen wir Erweitern eines Bruches.

Der umgekehrte Vorgang zum Erweitern heisst Kürzen. Der Wert eines Bruches wird durch gleichzeitiges Dividieren des Zählers und des Nenners durch dieselbe Zahl (k) nicht verändert ②. Der Divisor darf natürlich nicht gleich Null sein ! ③

1.6. ADDITION UND SUBTRAKTION VON BRUECHEN

Es dürfen nur Brüche mit gleichem Nenner addiert oder subrahiert werden ④
Wenn es nicht der Fall ist, müssen wir zuerst Erweitern oder Kürzen, um die Gleichheit der Nenner zu erreichen ⑤ .

ZUSATZINFORMATION

$$\frac{\text{ZAEHLER}}{\text{NENNER}} = \text{QUOTIENT}$$

$$\frac{\text{DIVIDEND}}{\text{DIVISOR}} = \text{QUOTIENT}$$

DIVIDEND / DIVISOR = QUOTIENT

SUMMAND + SUMMAND = SUMME

MINUEND - SUBTRAHEND = DIFFERENZ

NOTIZEN

① MULTIPLIKATION ②

$$\frac{2}{3} * \frac{4}{5} = \frac{2 * 4}{3 * 5} = \frac{8}{15}$$

③

④ GANZE ZAHL ALS BRUCH GESCHRIEBEN

$$7 = \frac{7}{1}$$

⑤ BRUCH MAL GANZE ZAHL

$$\frac{2}{3} * 7 = \frac{2}{3} * \frac{7}{1} = \frac{2 * 7}{3 * 1} = \frac{14}{3}$$

⑥ KUERZER

$$\frac{2}{3} * 7 = \frac{2 * 7}{3} = \frac{14}{3}$$

⑦ DIVISION

$$\frac{2}{3} : \frac{4}{5} = \frac{2}{3} * \frac{5}{4} = \frac{10}{12} = \frac{10 / 2}{12 / 2} = \frac{5}{6}$$

⑧

KUERZEN DURCH ZWEI

ALLGEMEIN

$$\frac{A}{B} : \frac{C}{D} = \frac{A * D}{B * C}$$

⑨ DOPPELBRUCH

$$\frac{\frac{2}{3}}{\frac{4}{5}} = \frac{2}{3} : \frac{4}{5} = \frac{5}{6}$$

ALLGEMEIN

$$\frac{\frac{A}{B}}{\frac{C}{D}} = \frac{A * D}{B * C}$$

AUFGABEN:

1. Berechnen Sie:

a. $\frac{1}{4} + \frac{1}{3} =$ d. $\frac{3}{7} * 5 =$

b. $\frac{2}{7} - \frac{1}{5} =$ e. $\frac{3}{7} : 2 =$

c. $\frac{1}{6} - \frac{4}{3}$ f. $\frac{2}{4} : \frac{6}{3} =$

1.7. MULTIPLIKATION UND DIVISION VON BRUECHEN

Zwei Brüche werden multipliziert (1), indem man separat die Zähler (2) und die Nenner (3) multipliziert.

Jede ganze Zahl kann als ein Bruch mit Nenner Eins geschrieben werden (4). Multiplizieren wir einen Bruch mit einer ganzen Zahl (5)! Sie sehen also, dass auch in diesem Fall die Regel (1) Verwendung findet. Weil jedoch das Multiplizieren mit Eins nichts Neues bringt, können wir es kürzer machen, indem wir bloss den Zähler mit der ganzen Zahl multiplizieren (6).

Ein Bruch (Dividend) wird durch einen Bruch (Divisor) dividiert (7), indem man den Dividenden mit dem Kehrwert des Divisors (8) multipliziert.

Die Division von zwei Brüchen kann man auch als einen Doppelbruch darstellen, was jedoch nicht bequem ist (9).

Beachten Sie bitte:

$$\frac{3}{\frac{3}{2}} = \frac{\frac{3}{1}}{\frac{3}{2}} = \frac{3 * 2}{3 * 1} = \frac{2}{1} = \underline{\underline{2}}$$

(Siehe (9) und (4) auf Seite 26 und (2) auf Seite 24.)

Dasselbe Verfahren kann beispielsweise auch bei physikalischen Einheiten benützt werden. Unser Beispiel zeigt die Berechnung des zeitlichen Aufwandes für das Zurücklegen einer Strecke bei vorgegebener Geschwindigkeit.

$$\frac{km}{\frac{km}{St}} = \frac{\frac{km}{1}}{\frac{km}{St}} = \frac{km * St}{km * 1} = \frac{St}{1} = \underline{\underline{St}}$$

ZUSATZINFORMATION

Multiplikation:

Multiplikand x Multiplikator = Produkt

oder: Faktor x Faktor = Produkt

NOTIZEN

→ Seiten 23 und 25

① EINZELPREIS MIT ZWEI DEZIMALSTELLEN

5.35 Fr. (pro Stück) mal 3 Stück = 16.05 Fr.

② EINZELPREIS MIT ZU VIEL DEZIMALSTELLEN

16.00 Fr. durch 3 Stück = 5.333333333.....Fr. pro Stück

③ AUF 2 DEZIMALSTELLEN GENAU - VIER VARIANTEN !

5.33 — ④ ABSCHNEIDEN

5.30 — ⑥ 10ER-RUNDUNG

5.35 — ⑧ 5ER-RUNDUNG

5.40 — ⑩ ?

⑤ DER GROESSTMOEGLICHE FEHLER IST KLEINER ALS :

A. BEIM ABSCHNEIDEN

0.01, weil auch z.B. 7.46|99 vorkommen kann

DIE SCHNITTSTELLE

⑦ B. BEI DER 10ER-RUNDUNG

0.05, weil auch z.B. 4.35 vorkommen kann, was 4.40 liefert. Somit beläuft sich die Differenz: 0.05 auf die Hälfte der gerundeten Stelle

⑨ C. BEI DER 5ER-RUNDUNG

0.025, weil auch z.B. 3.825 vorkommen kann, was 3.85 liefert. Somit beläuft sich die Differenz auf: 0.025

1.8. ABSCHNEIDEN UND RUNDEN

Manchmal verhalten sich die gebrochenen Zahlen (die Dezimalbrüche) ganz gutmütig ① . Bei der Kalkulation z.B. können aber ganz unerfreuliche Situationen vorkommen ② .

Wenn Sie die Anweisung bekommen, den Einzelpreis in ② auf zwei Dezimalstellen genau festzulegen, kommt Ihnen diese Aufgabe ganz einfach und eindeutig vor, nicht wahr ? Oder doch nicht ? ③

Wir gehen jetzt die Gefahr ein, Sie ganz zu verwirren. Wenn Sie uns aber behilflich sind, können wir von der Auffassung der Sache profitieren. Das Schlüsselwort lautet: GESCHAEFTLICHE INTERESSEN MUESSEN NICHT UNBEDINGT MIT DER ARITHMETIK UEBEREINSTIMMEN !

Sehen wir uns also Abbildung ③ vom Standpunkt der Geschäftsleitung an. Die Variante mit Abschneiden ④ ist für den Detailhandel unannehmbar. Wir haben kaum mehr Einrappenstücke. (VORSICHT : Der Algebraiker würde sagen: Der Schnitt zwischen der zweiten und dritten Dezimalstelle ist erlaubt. Der grösstmögliche Fehler ist kleiner als 0.01 ⑤).

Die 10er-Rundung ⑥ ist finanziell gesehen ungeschickt, weil wir in unserem Fall ② pro Stück ein Drittel des Zehnrappenstücks verlieren.

Unser Algebraiker sagt dazu: Die 10er-Rundung wurde korrekt durchgeführt, jedoch auf <u>eine</u> Dezimalstelle, nicht auf zwei ! Der grösstmögliche Fehler beläuft sich auf 0.05 ⑦ .

Die 5er-Rundung ⑧ ist in diesem Fall günstig, nicht wahr, Herr KAUFMANN ?

Auch der Algebraiker ist zufrieden. Der maximale Fehler ist auf eine Hälfte zusammengeschmolzen ⑨ .

Die Variante ⑩ ist eine reine Willkür des Geschäftsmannes. Damit will der Algebraiker gar nichts Gemeinsames haben.

① 10er-Rundung - Beispiele :

```
  14.784
+ 0.005
  14.789  =  14.78 ...  AUF 2 DEZIMALSTELLEN GERUNDET

  14.784
+ 0.05
  14.834  =  14.8  ...  AUF 1 DEZIMALSTELLE GERUNDET

  14.784
+ 0.5
  15.284  =  15    ...  AUF EINE GANZE ZAHL GERUNDET

  14.784
+ 5
  19.784  =  10    ...  AUF ZEHNER GERUNDET

  14.784
+ 5
  64.784  =  000   ...  AUF HUNDERTER GERUNDET
```

0 wurde gesetzt, um die Stellenzahl vor dem Dezimalpunkt anzugeben. (Was in der Datenverarbeitun oft sehr nützlich is

---

FRAGE	ANTWORT	IHRE LOESUNG
1. Wie wurde die Zahl 270 gerundet ?	A. Auf Hundertstel B. Auf Zehntel C. Auf Einer D. Auf Zehner E. Auf Hunderter.	○
2. Wir wollen die Zahl 0,012745 auf 4 Dezimalstellen runden. Das Resultat ist :	A. 0.0127 B. 0.0128 C. 0.013 D. 0.01275	○

1.9. 10ER-RUNDUNG

Grundregel:

Wenn wir auf n Dezimalstellen runden wollen, müssen wir auf der (n + 1)ten Dezimalstelle eine 5 addieren und dann abschneiden ① .

Bei 10er-Rundung von <u>negativen</u> Zahlen wird folgendermassen vorgegangen. Wir denken uns das Minusvorzeichen weg, führen die 10er-Rundung der so entstandenen <u>positiven</u> Zahl durch und fügen dem Resultat das Minuszeichen zu:

```
- 14.784  =>    14.784  (als positiv betrachtet)
              +  0.05
                ------
                14.834  =>  - 14.8
```

NOTIZEN

5er-Rundung (Beispiele):

(1) 12.33 mal 0.2 = 2.466

(2)
```
  2.466
+ 0.005
-------
  2.471   ⇒   2.47 (10er-gerundetes Zwischenresultat)
```

(3) 2.47 mal 5 = 12.35 (5er-gerundetes Resultat)

↑ (4)

(5) 12.32 mal 0.2 = 2.464

```
  2.464
+ 0.005
-------
  2.469   ⇒   2.46

  2.46   mal 5   = 12.30
```

↑ (6)

16.83 mal 0.2 = 3.366

```
  3.366
+ 0.5
-------
  3.866   ⇒   3

  3   mal 5   = 15
```

(7) → 3, 15

AUFGABEN :

Runden Sie auf 0 oder 5 :

1. 472.5 auf der niedrigsten ganzen Stelle.
2. -14.2248 auf der zweiten Dezimalstelle.
3. 0.175 an der zweiten Dezimalstelle.

1.10. 5ER-RUNDUNG

In der kaufmännischen Praxis wird oft eine bestimmte Stelle (Ziffer) auf 0 oder 5 gerundet, so z.B. die kalkulierten Einzelpreise. Das Vorgehen bei der 5er-Rundung zerfällt in drei Schritte:

Zuerst wird die zu rundende Zahl (in unserem Beispiel 12.33) mit 0.2 multipliziert ①.

Anmerkung zum 1. Schritt: Wir könnten auch durch 5 dividieren, statt mit 0.2 zu multiplizieren, nicht wahr ? Dividieren braucht aber mehr Computerzeit als Multiplizieren !

Das Zwischenresultat (2.466) wird der normalen 10er-Rundung unterzogen, wobei auf diejenige Stelle gerundet wird, welche die 0 oder die 5 enthalten soll ②.

Das 10er-gerundete Zwischenresultat (2.47) wird mit 5 multipliziert ③. Das Resultat ist die 5er-gerundete Zahl ④.

Versuchen wir jetzt einen leicht abgeänderten Wert (12.32) der 5er-Rundung zu unterziehen ⑤. Im Resultat bekommen wir auf der zweiten Dezimalstelle eine Null ⑥.

Sehen wir uns noch ein Beispiel an. Diesmal wird auf eine ganze Zahl 5er-gerundet ⑦.

Die 5er-Rundung von <u>negativen</u> Zahlen erfolgt wiederum über das Runden des positiven Wertes mit nachträglichem Zufügen des Minus-Vorzeichens.

NOTIZEN

← Seite 31

NULL ALS OPERAND

① ADDITION UND SUBTRAKTION

$$A + \emptyset = A \qquad A - \emptyset = A$$

$$\emptyset + A = A \qquad \emptyset - A = -A$$

(Anmerkung: Bei der Programmierung wird die Null meistens durchgestrichen, um die Verwechslung mit dem Buchstaben 0 zu verhindern.)

② MULTIPLIKATION

$$A * \emptyset = \emptyset \qquad \emptyset * A = \emptyset$$

③ DIVISION

$$A / \emptyset = ? \qquad \emptyset / A = \emptyset$$

④ (zeigt auf $\emptyset$ in $A / \emptyset = ?$) ⑤ (zeigt auf $\emptyset$ in $\emptyset / A = \emptyset$)

⑥ POTENZIEREN

$$\emptyset^{A} = \emptyset, \text{ WENN } A > \emptyset$$

⑦ (zeigt auf die Basis $\emptyset$)

$$A^{\emptyset} = 1, \text{ WENN } A \neq \emptyset$$

⑧ (zeigt auf den Exponenten $\emptyset$) ⑨ (zeigt auf die Basis A)

⑩ WURZELZIEHEN ALS POTENZIEREN

$$\sqrt[N]{A^{M}} = A^{M/N}$$

FRAGE	ANTWORT	IHRE LOESUNG
1. Wieviel ist Ø / Ø (Null durch Null) ?	A. 1 B. Ø C. Nicht definiert, deshalb verboten.	○
2. Darf in ⑩ N = Ø werden ?	A. Ja B. Nein	○
3. Darf in ⑩ M = A = Ø werden ?	A. Ja B. Nein	○

1.11. NULL ALS OPERAND

Beim Addieren und Subtrahieren bedeutet die Null keine Gefahr ① .

Beim Multiplizieren liefert die Null immer nur eine Null als Produkt (Resultat) ② .

Beim Dividieren ③ darf die Null nie als Divisor vorkommen ④ . Als Dividend ist die Null harmlos. Das Resultat ist natürlich wieder eine Null ⑤ .

Das Potenzieren und Wurzelziehen kommt in kaufmännischen Aufgaben nur selten vor. Im Notfall wissen Sie, dass auf dieser Seite eine Erklärung über das Verhalten der Null in diesen Operationen zu finden ist.

Beim Potenzieren ⑥ liefert eine Null als Basis ⑦ immer eine Null, solange der Exponent positiv ist ($A > \emptyset$). Ist er negativ oder Null, ist das Potenzieren der Null verboten, da eine Potenz mit negativem Exponent als Bruch geschrieben werden kann (z.B. $3^{-2} = \frac{1}{3^2} = \frac{1}{9}$)

Als Exponent ⑧ liefert die Null beim Potenzieren immer das Resultat "Eins", mit einer Ausnahme: Die Basis ⑨ darf nicht gleich Null sein. Null hoch Null ($\emptyset^{\emptyset}$) ist verboten.

Das Wurzelziehen kann immer als Potenzieren dargestellt werden ⑩ . Daraus ergeben sich die Regeln für das Verhalten der Null beim Wurzelziehen.

ZUSATZINFORMATION

1) $X^a \Longrightarrow$ a = Exponent
X = Basis

2) Der Exponent 1 wird üblicherweise nicht geschrieben.
z.B. $a^1 = a$

NOTIZEN

① Multiplikation und Division mit Beruecksichtigung der Vorzeichen

		VORZEICHEN DER ZWEITEN ZAHL	
		+	-
VORZEICHEN DER ERSTEN ZAHL	+	+	-
	-	-	+

VORZEICHEN DES RESULTATES

Beispiele:

(+3) * (+4) = +12	oder 3 * 4 = 12
(+3) * (-4) = -12	oder 3 * (-4) = -12
(-3) * (+4) = -12	oder (-3) * 4 = -12
(-3) * (-4) = +12	oder bloss 12
(+3) / (+4) = + 0.75	oder 3 / 4 = 0.75
(+3) / (-4) = - 0.75	oder 3 / (-4) = -0.75
(-3) / (+4) = - 0.75	oder (-3) / 4 = -0.75
(-3) / (-4) = + 0.75	oder bloss 0.75

② $-4 = (-1) * 4$

③ $-B = (-1) * B$

④ $-(-4) = \underbrace{(-1) * (-1)}_{+1} * 4 = 1 * 4 = 4$

⑤ $-(-2) = (-1) * (-2) = 2$

PLUS

⑥

A - B = C

4 - (-3) = 7

4 + 3 =

AUFGABEN:

1. Berechnen Sie

a. 3 * (-2) =

b. (-3) * 2 =

c. (-3) * (-2) =

d. 3 / (-2) =

e. (-3) / 2 =

f. (-3) / (-2) =

1.12. NEGATIVE OPERANDEN

Prägen Sie sich die Tabelle ① gut ins Gedächtnis !

Beachten Sie bitte in den Beispielen zur Tabelle ① ganz genau, wann die Klammern unbedingt gesetzt werden müssen. Ich habe Ihnen durch das "oder" geholfen. Wie sind also die Regeln ?

a. EINE NEGATIVE ZAHL MUSS IMMER IN DEN KLAMMERN EINGESCHLOSSEN WERDEN.

b. ZWEI ARITHMETISCHE OPERATOREN (+ oder - oder * oder/) MUESSEN IMMER VONEINANDER DURCH EINE KLAMMER GETRENNT WERDEN.

c. DAS PLUS-VORZEICHEN MUSS NICHT GESCHRIEBEN WERDEN.

Das Minus-Vorzeichen ist eigentlich nur eine verkürzte Schreibweise der Multiplikation eines positiven Wertes mit "Minus Eins" ② . Das gilt auch ganz allgemein ③ . Frage: Wieviel ist "Minus-Minus 4" ④ ? Wenn also B in ③ den Wert "Minus Zwei" annimmt, ist "Minus B" gleich "Minus-Minus Zwei", also "Plus Zwei", oder bloss "Zwei" ⑤ .

Wieviel ist "A - B", wenn A = 4 und B gleich (-3) ist ? ⑥

Merken Sie sich: UEBUNG MACHT DEN MEISTER ! (Seite 38 nicht überspringen !)

ZUSATZINFORMATION

Manchmal ist es nötig, das Vorzeichen umzukehren. (So z.B. sind die Gutschriften mit einem Minuszeichen schon in den Lochkarten versehen. Wir wollen aber eine spezielle Liste der Gutschriften drucken, und zwar ohne Vorzeichen.) Dazu genügt es, mit "Minus Eins" zu multiplizieren:

Beispiel:

Gutschrift in Lochkarte: W = -70

Gutschrift auf Liste:

(-1) * W = (-1) * (-70) = 70

NOTIZEN

AUFGABEN

1. Wieviel ist

a) 12.763	auf 2 Dezimalstellen	10er-gerundet ?
b) -0.351	auf 2 Dezimalstellen	10er-gerundet ?
c) 135.85	auf 1 Dezimalstelle	10er-gerundet ?
d) 135.85	auf Zehner	10er-gerundet ?
e) 135.85	auf der Zehnerstelle	5er-gerundet ?
f) -0.351	auf der 1. Dezimalstelle	5er-gerundet ?
g) -125	auf der Zehnerstelle	5er-gerundet ?
h) 127835	auf Tausende	10er-gerundet ?

2. Wieviel ist C, wenn A = -1, B = -2 und

a) C = A * B ?	f) C = Ø / B ?
b) C = (-A) * B ?	g) C = A * Ø ?
c) C = A / (-B) ?	h) C = Ø - A ?
d) C = A / Ø ?	i) C = A + B ?
e) C = A - (-B) ?	j) C = -A - B ?

3. Ist S grösser als R (um wieviel ?), wenn R = A * (-B) und S = A - (-B), bei

a) A = 2	B = 4
b) A = 3	B = -2
c) A = Ø	B = 1
d) A = B = -1.5	

2. Gleichungen und Ungleichungen

① VERGLEICHSOPERATOREN UND IHRE BEDEUTUNG

=	gleich	6 = 6, A = A
≠	nicht gleich (ungleich)	8 ≠ 4, 2 * A ≠ A ausser für A = Ø
>	grösser als	8 > 4, 2 * A > A ausser für A ≤ Ø
≥	grösser als oder gleich	A ≥ Ø für alle positiven Werte von A und für A = Ø
<	kleiner als	- 8 < - 4, - A < A für A > Ø
≤	kleiner als oder gleich	A ≤ A + B für B ≥ Ø
≯	nicht grösser als	4 ≯ 6, oder A ≯ B, wenn A = 4, B = 6
≮	nicht kleiner als	4 ≮ 2, oder C ≮ D, wenn C = 4, D = 2

② EINE GLEICHUNG

1Ø = X + Ø.Ø8 * X   (Der Preis muss die Kosten decken und noch 8 % Gewinn auf die Kosten bringen)

③ UNBEKANNTE (KOSTEN)

④ 1Ø = (1 + Ø.Ø8) * X

⑤ 1.Ø8 * X = 1Ø |: 1,Ø8

⑥ X = 1Ø / 1.Ø8

X = 9.26   ⑦ X = 9.2Ø

Es stimmt nicht überein !

FRAGE	ANTWORT	IHRE LOESUNG
1. Das Zeichen ≥ ist ein:	A. Arithmetischer Operator B. Operand C. Vergleichsoperator	○
2. Zwischen (- 4), (- 2) und Ø bestehen die folgenden Verhältnisse:	A. (- 4) > (- 2) > Ø B. (- 4) < (- 2) < Ø C. (- 4) ≤ (- 2) ≤ Ø	○

2.1. VERGLEICHSOPERATOREN

Die Zahlen kann man wertmässig vergleichen. So ist z.B. -16 kleiner als -7, 9 gleich 9 und 10 ungleich (nicht gleich) 9. Auch allgemein kann gefragt werden, ob z.B. A = B ist, oder ob A > B ①. Solche allgemein gestellten Fragen können jedoch nur dann beantwortet werden, wenn wir die jeweiligen konkreten Werte der allgemeinen Symbole kennen. (Siehe dazu z.B. Aufgabe 2 und 3 auf Seite 38).

2.2. Gleichungen

Wieviel kostet ein Stuhl, wenn 1000 Stühle 40'000 Fr. kosten ? Ein Stuhl kostet 40 Fr. Das war einfach, nicht wahr ? Es gibt leider auch kompliziertere Fragen: Wieviel darf ein Produkt kosten, wenn es für höchstens 10 Fr. verkäuflich ist und ein Gewinn von mindestens 8 % gewährleistet werden soll ? Die Kosten dürfen 9.30 Fr. nicht übersteigen. ② Stimmt's?

Die Kosten werden gesucht. Sie sind uns nicht bekannt. Sie stellen also eine UNBEKANNTE dar ③ .

Die Gleichung ② hilft uns, den Wert der Unbekannten zu finden. Dabei sind drei Dinge wichtig:

- Die richtige Zusammenstellung der Gleichung. So z.B. 1Ø = X + Ø.Ø8 * 1Ø wäre falsch. Der Gewinn würde vom Verkaufspreis berechnet und nicht von den Kosten. Die Lösung wäre jetzt X = 9.2Ø Fr. ⑦.

- Die Kenntnis der Regeln für die Lösung von Gleichungen. Wie man z.B. die Unbekannte auf eine Seite der Gleichung selbständig lokalisiert (④ bis ⑥), dass man beide Seiten der Gleichung mit der gleichen von Null verschiedenen Zahl dividieren darf (⑤ und ⑥) . Das alles werden wir in diesem Kapitel kennenlernen.

- Alle notwendigen Rechenoperationen müssen fehlerlos durchgeführt werden. Dies besorgt für uns zwar der Computer, aber die Kontrollrechnungen müssen leider wir durchführen.

① LINEARE GLEICHUNG MIT EINER UNBEKANNTEN

Allgemein: A * X + B = Ø

Beispiel: (1 + Ø.Ø8) * X - 1Ø = Ø

② NICHTLINEARE GLEICHUNG MIT EINER UNBEKANNTEN

Beispiel: Ø.2 * X^2 - 6 * X + 1 = Ø (QUADRATISCHE GLEICHUNG)

③ LINEARES GLEICHUNGSSYSTEM MIT MEHREREN UNBEKANNTEN

Beispiel: 3 UNBEKANNTE

2 * X(1) + 3 * X(2) - 2 * X(3) = 3
-3 * X(1) - 2 * X(2) + 4 * X(3) = 4
-4 * X(1) - 2 * X(2) - 3 * X(3) =-1

LOESUNG:

X(1) = -2
X(2) = 3
X(3) = 1

PROBE:

2 * (-2) + 3 * 3 - 2 * 1 = -4 + 9 - 2 = 3
-3 * (-2) - 2 * 3 + 4 * 1 = 6 - 6 + 4 = 4
-4 * (-2) - 2 * 3 - 3 * 1 = 8 - 6 - 3 = -1

FRAGE	ANTWORT	IHRE LOESUNG
1. M + N * X = P * X ist:	A. Eine lineare Gleichung. B. Eine nichtlineare Gleichung. C. Ein Gleichungssystem.	○
2. M + N * X = Q / X ist:	A. Eine lineare Gleichung. B. Eine nichtlineare Gleichung. C. Ein Gleichungssystem.	○

2.3. LINEARE GLEICHUNGEN MIT EINER UNBEKANNTEN

Wir unterscheiden lineare ① und nichtlineare ② Gleichungen. Ausserdem werden Gleichungen mit einer Unbekannten ① von Gleichungssystemen mit mehreren Unbekannten ③ unterschieden.

In diesem Kurs werden wir uns nur mit linearen Gleichungen befassen. Die Behandlung von anderen Typen der Gleichungen sowie von Gleichungssystemen erfordert spezielle mathematische Kenntnisse, die ein kaufmännisch orientierter Programmierer nicht kennen muss.

Eine <u>lineare</u> Gleichung liegt dann vor, wenn die Unbekannte nur in ihrer Grundform, d.h. mit dem Exponenten 1 (z.B. X) auftritt ① . Im Beispiel ② erscheint auch die zweite Potenz (X^2) der Unbekannten. Deswegen ist es <u>keine</u> lineare Gleichung.

Die Unbekannten bezeichnet man in der Algebra meistens mit Buchstaben vom Ende des Alphabets: x, y, z, v, w, n. Für die Verarbeitung von Gleichungssystemen auf dem Computer eignen sich besser indizierte Variablen, z.B. X(1), X(2), ..., X(6) anstatt U, V, W, X, Y, Z.

In unserem Beispiel ③ könnten wir auch schreiben

```
 2 * X + 3 * Y - 2 * Z =  3
-3 * X - 2 * Y + 4 * Z =  4
-4 * X - 2 * Y - 3 * Z = -1
```

mit der Lösung:

X = -2   Y = 3   Z = 1.

Einen ersten Einblick in das Indizieren und die Felder gewinnen Sie im zweiten Teil dieses Kurses (Abschnitt FELDER, TABELLEN).

ZUSATZINFORMATION

Welche zwei Zahlen bilden die Summe 70 und die Differenz 12 ?
Erste Zahl (Unbekannte): X(1)
Zweite Zahl (Unbekannte): X(2)

```
    X(1) + X(2) = 70
    X(1) - X(2) = 12
  ------------------
2 * X(1)        = 82
    X(1)        = 41
           X(2) = 70 - 41 = 29
Probe:  41 + 29 = 70,  41 - 29 = 12.
```

NOTIZEN

① URSPRUENGLICHE FORM EINER GLEICHUNG (BEISPIEL):

$$10 = X + 0.08 * X$$

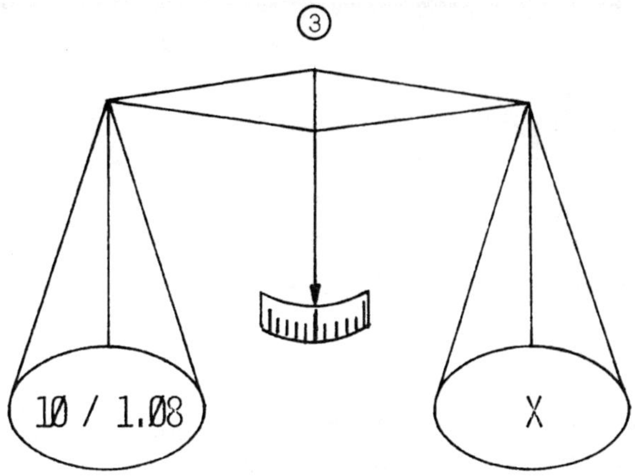

② SEPARIERTE UNBEKANNTE :

$$X = 10 / 1.08$$

④ AUSTAUSCHEN DER SEITEN :

$$10 = 1.08 * X$$
$$1.08 * X = 10$$

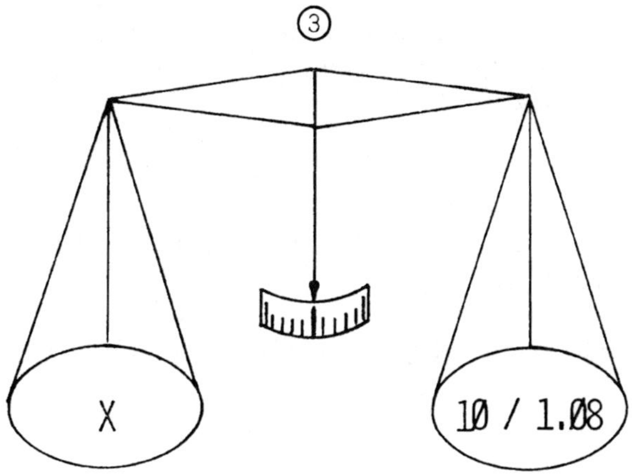

⑤ DIVISION BEIDER SEITEN :

$$1.08 * X = 10 \quad \Big| \; /1.08$$
$$X = 10 / 1.08$$

FRAGE	ANTWORT	IHRE LOESUNG
Wieviel wiegen drei Ziegelsteine, wenn ein Ziegelstein ein Kilo und einen halben Ziegelstein wiegt ?	A. 3 Kilo B. 4.5 Kilo C. 6 Kilo D. 9 Kilo	○

2.4. SEPARIEREN DER UNBEKANNTEN

Eine Gleichung entsteht oft in einer Form, die für eine direkte Lösung unbequem ist. Sie stellt unser Rohmaterial dar (1) .

Wir müssen durch erlaubte Aenderungen die ursprüngliche Gleichung so umwandeln, dass die Unbekannte allein auf einer (üblicherweise linken) Seite des Gleichheitszeichens steht (2) .

Welches sind die erlaubten Aenderungen in einer Gleichung ? (Stellen Sie sich am besten die Gleichung als eine Apothekerwaage vor (3)).

a. Die beiden Seiten der Gleichung dürfen ausgetauscht werden (4) .

b. Beide Seiten dürfen gleichzeitig um den gleichen Wert erhöht oder verkleinert, mit dem gleichen Wert multipliziert oder durch den gleichen, von Null verschiedenen, Wert dividiert werden (5) .

ZUSATZINFORMATION

Die einzelnen Schritte (z.B. (2) bis (4)) müssen nicht schriftlich festgehalten werden. Es ist jedoch sicherer, weil der Lösungsvorgang kontrollierbar bleibt.

NOTIZEN

← Seiten 25, 27, 35 und 37

① DIE UNBEKANNTE WIRD AUF EINE SEITE GEBRACHT
(EIN NEUES BEISPIEL)

$$3 * X - 4 = X / 2 + 1 \quad | + 4$$

auf beiden Seiten addieren

$$3 * X = X / 2 + 5 \quad | \ X / 2$$

auf beiden Seiten subtrahieren

$$3 * X - X / 2 = 5$$

② DIE UNBEKANNTE WIRD HINTER DIE KLAMMERN GESETZT

(DAS NEUE BEISPIEL)

$$(3 - 1 / 2) * X = 5$$

(DAS ALTE BEISPIEL)

$$(1 + 0.08) * X = 10$$

Vergleichen Sie es bitte mit ④ auf Seite 40.

③ WIR DIVIDIEREN JETZT DURCH DEN INHALT DER KLAMMERN :

$$2.5 * X = 5$$

Durch 2.5 auf beiden Seiten dividieren

$$\underline{\underline{X = 2}}$$

Das ist die Lösung.

④ ZUR KONTROLLE SETZEN WIR DEN WERT DER UNBEKANNTEN IN DIE URSPRUENGLICHE GLEICHUNG EIN

$$3 * 2 - 4 = 2 / 2 + 1$$

⑤ GLEICHHEIT ALS BEWEIS DER RICHTIGEN LOESUNG

$$6 - 4 = 1 + 1$$

$$\underline{\underline{2 = 2}}$$

⑥ GLEICHUNG = DIE UNBEKANNTE IST NOCH " IN "

GLEICHHEIT = KEINE UNBEKANNTE MEHR VORHANDEN

2.5. AUFBEREITUNG DER GLEICHUNG

Wir haben schon die allgemeine Form der linearen Gleichung kennengelernt (Seite 42 ①). Wir wissen aber ebensogut, dass die ursprüngliche Form einer konkreten Gleichung von der allgemeinen Form abweichen kann (Seite 40 ② und Seite 42 ①).

Der Unterschied liegt offenbar darin, dass in der allgemeinen Form die Unbekannte nur einmal vertreten ist. Wir müssen also die ursprüngliche Form soweit modifizieren, dass die Unbekannte letztlich nur einmal da steht.

Zu diesem Zweck muss die Unbekannte mittels erlaubten Aenderungen (Seite 45) auf eine Seite der Gleichung gebracht werden ① .

Nachher wird die Unbekannte aus allen Gliedern auf ihrer Seite herausgenommen und hinter die Klammern gesetzt ② .

Endlich wird die ganze Gleichung durch den Inhalt der Klammer dividiert. (Soweit der Inhalt von Null verschieden ist, selbstverständlich!) ③ .

Der letzte und sehr wichtige Schritt: Der ermittelte Wert der Unbekannten (X = 2) wird in die ursprüngliche Gleichung (①) eingesetzt ④ .

Nach den erforderlichen Berechnungen auf beiden Seiten müssen wir eine Gleichheit bekommen ⑤ .

Wie Sie bereits festgestellt haben, fallen oft einige Schritte der Aufbereitung weg. Im "alten" Beispiel war es Schritt ① von Seite 46, weil die Unbekannte schon in der ursprünglichen Form nur auf einer Seite der Gleichung vorkam.

Beachten Sie bitte die zwei unterschiedlichen Bezeichnungen ⑥ !

ZUSATZINFORMATION

Beachten Sie die Reihenfolge der Operationen in Beispiel ④ :

Operationen: *,/ werden zuerst, dann Operationen: +, - ausgeführt.

Wenn *, / oder +, - unmittelbar folgend aufgeführt sind, dann wird von links nach rechts gerechnet.

NOTIZEN

AUFGABEN

1. 6 * X + 12 = Ø
2. Ø.4 * X - Ø.Ø8 = Ø
3. - 3 * X + 4.5 = Ø
4. 2 * X - 11 = 13 * X
5. 12 - 3 * X = X
6. X/2 - X/3 = 1
7. X/Ø.4 = Ø.1 + X/Ø.5
8. X/4 - 6 + 2 * X = Ø.25 * X + 4 + X/Ø.5 - 1Ø
9. X + 2 * X + 3 * X = Ø
10. Der Wirtschaftlichkeitsgrad (W) wird als Quotient des Soll-Aufwandes (S) und Ist-Aufwandes (I) berechnet. (W = S/I).
    Wie hoch ist der Wirtschaftlichkeitsgrad, wenn der Ist-Aufwand den Soll-Aufwand um einen Viertel des Soll-Aufwandes übertrifft ?

11. Drei Werke einer Unternehmung sollen den Umsatz von 11 Mio. Fr. erreichen. Erfahrungsgemäss erzielt Werk B ungefähr das Doppelte des Werkes A und Werk C etwa um 1 Mio. Fr. weniger als Werk A. Welche Soll-Umsatz-Zahlen sollen den einzelnen Werken vorgeschrieben werden ?

12. Eine durchschnittliche Maschine hat die Leistung von 250 Produkten pro Stunde. In Offerten, die wir bekommen haben, sind Maschinentypen mit verschiedenen Leistungen und verschiedenen Preisen enthalten. Bis zu welchem Leistungsunterschied, vom Durchschnitt (250) gemessen, dürfen wir gehen, wenn wir die tägliche Benützungszeit zwischen 8 und 12 Stunden variieren können.

2.6. WEITERE BEISPIELE UND AUFGABEN

Wenn Sie Wodka mit weissem Vermouth im Verhältnis 3 : 2 mischen, bekommen Sie eine besonders wirkungsvolle Abart des Manhattan-Drinkes. Warum ist Manhattan in dieser Aufmachung so gefährlich ? Es sieht nach Vermouth aus, es schmeckt nach Vermouth, enthält jedoch x Prozent Alkohol. Jetzt sitzen wir in der Patsche. Wir wissen wohl, dass Wodka 45 % Alkohol enthält und der Vermouth 20 Prozent - wieviel Alkohol steckt jedoch in dieser Manhattan-Variante ?

$$3 * 45 + 2 * 20 = 5 * X$$

Fünf Teile Manhattan

Zwei Teile des 20%igen Vermouths

Drei Teile des 45%igen Wodka

$$135 + 40 = 5 * X$$

$$175 = 5 * X$$ Seiten austauschen !

$$5 * X = 175$$ Durch 5 dividieren !

$$X = 35 \text{ (\% Alkohol!)}$$ Ich hab's doch gesagt: Mit so viel Alkohol ist es ein Wolf im Lammfell.

Ein praxisorientierter Schüler zog aus einem ALGEBRA-Kurs die folgende Schlussfolgerung: Im Zug beim Küssen überrascht zu werden ist unangenehm. Wenn ich weiss, dass der nächste Tunnel drei Kilometer lang ist und der Zug mit 90 Stundenkilometer fährt, kann ich mir einen x-Minuten langen Kuss gönnen:

$$\frac{90}{60} * X = 3$$

$$1.5 * X = 3$$ Durch 1.5 dividieren !

$$X = 2$$ Nur muss man dabei die Uhr im Auge behalten.

(Das Rechnen mit den physikalischen Grössen wird auf Seite 51 erläutert!)

Und nun an die Arbeit auf Seite 48!

← Seiten 41 bis 47

① LINEARE GLEICHUNG MIT VARIABLEN KOEFFIZIENTEN

Die Länge des Tunnels bezeichnen wir als L.

Die Geschwindigkeit des Zuges bezeichnen wir als G.

Die Durchfahrtzeit durch den Tunnel bezeichnen wir als T.

Dann gilt :

$$\boxed{L = G * T}$$

Die Strecke (L) ist gleich der Geschwindigkeit (G) mal Zeit (T).

In der obigen Gleichung ist für uns T die Unbekannte, L und G sind die Koeffizienten.

LOESUNG :

$$L = G * T \quad \text{/ Durch } G \text{ dividieren } (G \neq 0)$$

$$L / G = T \quad \text{/ Seiten vertauschen}$$

$$\boxed{T = L / G}$$

PROBE ANHAND KONKRETER KONSTANTEN (DATEN) :

$$T = 3 / 90$$

② RESULTAT : $\boxed{T = 1 / 30}$

FRAGE	ANTWORT	IHRE LOESUNG
1. Nehmen wir an, wir kennen die Durchfahrtszeit (T) und die Länge des Tunnels (L). Wie hoch ist die Zuggeschwindigkeit (G) ?	A. G = L * T B. G = T * L C. G = L / T D. G = T / L E. G = ?	○
2. Berechnen Sie X, wenn A + B * X = D	A. X = D/B - A B. X = (D - A) / B C. X = (A + D) / B	○
3. Wieviel ist X von Frage 2, wenn A = - 6, B = Ø und D = 12	A. X = 18 B. X = 6 C. X = 1 D. X = 00 E. X = Kann nicht berechnet werden.	○

2.7. LINEARE GLEICHUNGEN MIT VARIABLEN KOEFFIZIENTEN

Bis jetzt hatten wir nur mit Gleichungen zu tun, in denen konkrete Konstanten und eine Unbekannte (X) auftraten. Man kann jedoch eine ganze Klasse von gleichartigen Problemen in Gleichungen zusammenfassen, indem man statt Konstanten variable Koeffizienten benutzt. Betrachten wir jetzt das verallgemeinerte Kussbeispiel ① .

Das Resultat ② stimmt mit der Lösung auf Seite 49 unten überein. Ein Dreissigstel der Stunde sind 2 Minuten. Dies führt uns jedoch zu einer wichtigen Bemerkung:

Besonders bei Gleichungen mit variablen Koeffizienten ist es angebracht, die jeweiligen Massangaben in die Lösung einzusetzen:

$$T = L / G \; . \; . \; . \; . \; . \; . \; . \; . \; . \; . \; ? = Km / (Km / St) = \frac{Km}{\frac{Km}{St}} = \underline{\underline{St}}$$

(Siehe dazu Seite 27 unten !)

Ausserdem kann man die Gleichung präparieren, um das Resultat im gewünschten Mass zu bekommen:

GMIN = G / 60 . . . . Geschwindigkeit in Km / Min. ist gleich Geschwindigkeit in Km / St <u>durch 60.</u>

Dann hätten wir:

$$L = (G / 60) * T$$

$$L = \frac{G}{60} * T \qquad | \quad \text{Mit 60 multiplizieren}$$

$$60 * L = G * T \qquad | \quad \text{Durch G dividieren (G = 0)}$$

$$(60 * L) / G = T \qquad | \quad \text{Seiten vertauschen}$$

$$T = (60 * L) / G$$

Probe: $T = (60 * 3) / 90 = 180 / 90 = \underline{\underline{2 \text{ Min.}}}$

← Seiten 41 bis 47

Lineare Ungleichung mit einer Unbekannten

① $P \geq GK / M + DK$ wobei: GK = Gemeinkosten

M = Produzierte Menge

DK = Direkte Kosten pro Stück

② $P \geq GK / M + DK$ / Auf beiden Seiten der Ungleichung wird DK subtrahiert

$P - DK \geq GK / M$ / Die Ungleichung wird mit M multipliziert

$(P - DK) * M \geq GK$ / Die Ungleichung wird durch (P-DK) dividiert, wobei P ≠ DK sein muss. (Wissen Sie warum ? Bei P = DK würden wir durch Null dividieren- und das ist verboten !)

$M \geq GK / (P - DK)$ .... Resultat ③

④ Probe :

$$M \geq \frac{10000}{5-3} = \frac{10000}{2} = 5000$$ (Stück, weil $\frac{\text{Franken}}{\frac{\text{Franken}}{\text{Stück}}}$ = Stück)

⑤ Multiplikation und Division einer Ungleichung mit einer Negativen Zahl (Beispiele) :

$3 > 2$ / mal (-1)

$-3 < -2$

$A > B$ / mal (-1)

$-A < -B$

$V < W$ / mal (-R)

$-V * R > -W * R$

$6 > 4$ / durch (-2)

$-3 < -2$

2.8. LINEARE UNGLEICHUNGEN MIT EINER UNBEKANNTEN

Neue Aufgabenstellung:

Der Verkaufspreis muss mindestens die Produktionskosten decken (1) .
Wieviel Stück (M) muss man mindestens produzieren und absetzen, um den Preis P einhalten zu können ? (2)

Sie haben gesehen, dass der Lösungsweg genau gleich war, wie bei den Gleichungen. Das Resultat (3) besagt, dass die produzierte Stückzahl grösser als oder gleich den Gemeinkosten sein muss, geteilt durch den Unterschied zwischen dem Verkaufspreis und den direkten Kosten pro Stück.

Probe: GK = 10 Tausend Franken, P = 5 Franken, DK = 3 Franken. (4) .
Die Mindestmenge ist also 5000 Stück.

VORSICHT ! Beim Bearbeiten der Ungleichungen gilt eine wichtige zusätzliche Regel:
BEIM MULTIPLIZIEREN ODER DIVIDIEREN EINER UNGLEICHUNG MIT EINER <u>NEGATIVEN</u> ZAHL MUSS DER VERGLEICHSOPERATOR > AUF < UND < AUF > UMGESTELLT WERDEN ! (5)

Ausnahmsweise stehen die Aufgaben auf der rechten Seite. Dies ist jedoch kein Grund, sie zu überspringen.

AUFGABEN:

1. Ermitteln Sie X, wenn:

a. A - X < B
b. A - X * B > C + D
c. A - B * X ≤ C + D
d. A * X + B < C * X + D
e. - X < A
f. X < - A + 2 * X

2. Im welchen Bereich darf sich Y bewegen, wenn M = 4, N = -3, P = 2 und

a. M * Y < N * P
b. M - 2 ≥ (P + N) * Y
c. 3 * N - M * Y < P * Y - 2
d. M * Y - N * Y < 3 * Y + P * Y

← Seite 45

3. Zahlensysteme

① SCHEMA DER DEZIMAL ZAHLEN

...	10^3	10^2	10^1	10^0		10^{-1}	10^{-2}	10^{-3}	...
...	Ziffer	Ziffer	Ziffer	Ziffer	•	Ziffer	Ziffer	Ziffer	...
	TAUSENDER	HUNDERTER	ZEHNER	EINER	↑ Dezimalpunkt	ZEHNTEL	HUNDERTSTEL	TAUSENDSTEL	

② EIN BEISPIEL (4'702,689) :

1000	100	10	1		0,1	0,01	0,001
4	7	0	2	•	6	8	9

0,009
0,08
0,6
2
0 (10 * 0 = 0)
700
4000

4702,689

③ ZWEI ALS BASIS

2^3	2^2	2^1	2^0		2^{-1}	2^{-2}	2^{-3}
Ziffer	Ziffer	Ziffer	Ziffer	•	Ziffer	Ziffer	Ziffer
8	4	2	1		0,5	0,25	0,125

VORSICHT ! DIE WERTIGKEITEN HABE ICH IHRETWEGEN IM ZEHNERSYSTEM ANGEGEBEN. RICHTIGER WAERE :

BEISPIEL (1011,101)

10^{11}	10^{10}	10^1	10^0		10^{-1}	10^{-10}	10^{-11}
1	0	1	1	•	1	0	1
1000	100	10	1		0,1	0.01	0.001

0.001
0 (0.01 * 0 = 0)
0.1
1
10
0 (100 * 0 = 0)
1000

1011.101

3.1. DEZIMALES UND BINEARES ZAHLENSYSTEM

Dank der zehn Finger an unseren Händen rechnen wir im dezimalen Zahlensystem (im Zehnersystem). Jede Ziffer einer Zahl stellt eine bestimmte Wertigkeit dar, z.B. die Einer, Zehner, Hunderter, Zehntel, Hundertstel ①.

Wie sieht in diesem Schema z.B. die Zahl 4'702,689 aus ? ②

Wir können uns sehr wohl vorstellen, dass auch die Anzahl der Hände (also die Zahl Zwei) zur Basis unseres Zahlensystems werden könnte ③. Falls Sie sich in eine solche Situation versetzen können, sind Sie schon dem binären Zahlensystem (Zweiersystem) halb gewachsen.

Die Hände-Basis ist zwei, weil der Mensch zwei Hände hat. Die Computer-Basis ist zwei, weil der Computer aus Elementen aufgebaut ist, die nur zwei Zustände annehmen können: Magnetisiert in Uhrzeigerrichtung oder gegen Uhrzeigerrichtung; magnetisiert oder nicht magnetisiert; eingeschaltet oder ausgeschaltet. Deswegen braucht man nur zwei Ziffern, sagen wir Null und Eins.

Zählen wir jetzt im binären Zahlensystem die folgenden Punkte:

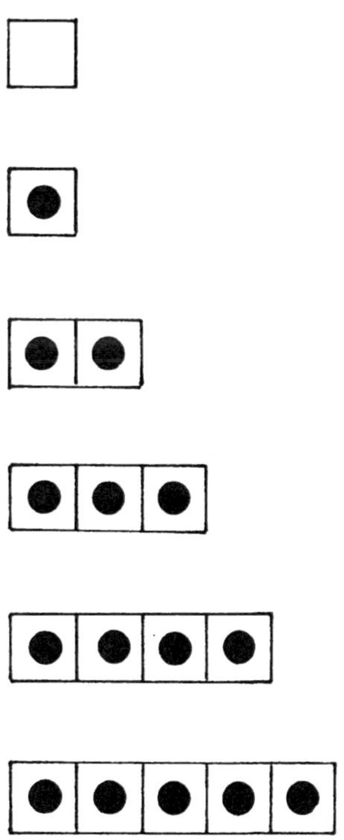

= 0 Kein Punkt

= 1 Ein Punkt

= 10 Eins-Null Punkte

= 11 Eins-Eins Punkte

= 100 Eins-Null-Null Punkte

= 101 Eins-Null-Eins Punkte

Bei diesen Bezeichnungen haben wir beide Ziffern (0, 1) benützt. Für den nächsten Fall steht uns kein weiteres Zeichen zur Verfügung. Deswegen müssen wir eine Zeichenkombination benützen.

① LAEMPCHEN AUF DEM BEDIENUNGSPULT

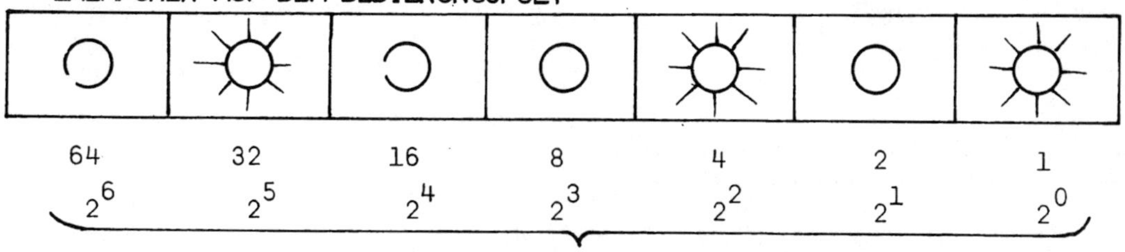

Dezimal ausgedrückte Wertigkeiten

32 + 4 + 1 = 37

②

UMRECHNUNG DEZIMAL-BINAER (BEISPIEL):

```
      ③⑤
394 : 2                                      ④
-------
197      0   (394 : 2 = 197, REST = 0)
 98      1   (197 : 2 =  98, REST = 1)
 49      0   ( 98 : 2 =  49, REST = 0)
 24      1   ( 49 : 2 =  24, REST = 1)
 12      0   ( 24 : 2 =  12, REST = 0)
  6      0   ( 12 : 2 =   6, REST = 0)
⑤ 3      0   (  6 : 2 =   3, REST = 0)
  1      1   (  3 : 2 =   1, REST = 1)
                                             ④
⑥
```

FRAGE	ANTWORT	IHRE LOESUNG
1. Der binäre Wert der dezimalen Zahl 142 ist gleich:	A. 10001110 B. 0001110 C. 01110001	○
2. Der binäre Wert der dezimalen Zahl 1000 ist gleich:	A. 1111101000 B. 111101000 C. 000101111	○

3.2. UMRECHNUNG BINAER-DEZIMAL

Eine binäre Zahl kann man ohne grössere Schwierigkeiten in eine dezimale Zahl umwandeln. Wenn auf dem Bedienungspult Lämpchen in der folgenden Konfiguration ① aufleuchten, bedeutet es dezimal 37 ②.

Einige Beispiele:

BINAER	UMRECHNUNG	DEZIMAL
1011	8 + 2 + 1	11
11000	16 + 8	24
0.11	0.5 + 0.25	0.75
10.01	2 + 0.25	2.25
101.011	4 + 1 + 0.25 + 0.125	5.375
-1.1	- (1 + 0.5)	-1.5

3.3. UMRECHNUNG DEZIMAL-BINAER VON GANZEN ZAHLEN

Durch ständiges schrittweise Dividieren durch zwei ③ und durch das Vermerken der jeweiligen Reste ④ ermittelt man den binären Wert einer dezimalen Zahl.

Wir schreiben jetzt in der Pfeilrichtung ⑤ die Reihe der Reste auf; wobei wir stets mit einer 1 beginnen ⑥:

110001010

Dies ist das binäre Aequivalent der dezimalen Zahl 394.

Probe:	1	1	0	0	0	1	0	1	0	=	256
											+ 128
											+ 8
	256	128	64	32	16	8	4	2	1		+ 2
											394
											=====

← Seite 57

UMRECHNUNG DES BRUCHTEILS

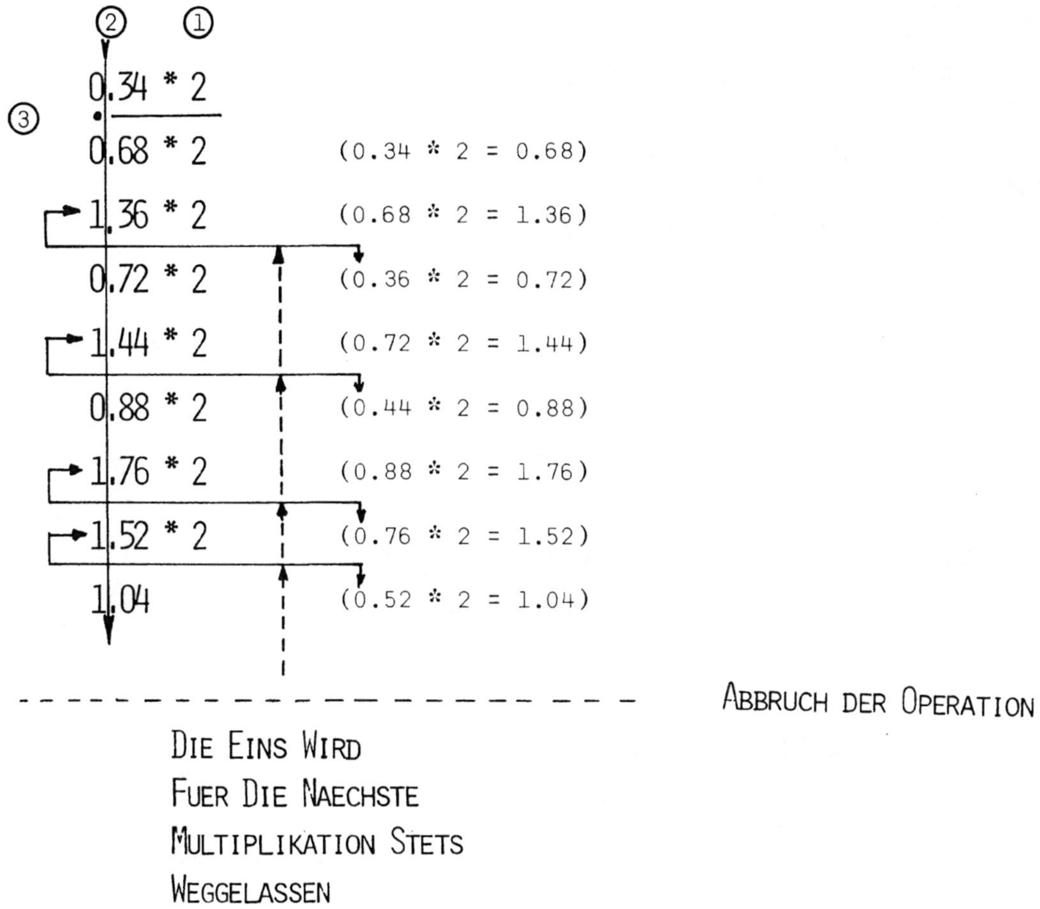

FRAGE	ANTWORT	IHRE LOESUNG
1. Der binäre Wert der dezimalen Zahl 0.6 ist gleich:	A. 0.1011001 B. 0.1001001 C. 0.10011001	○
2. Der binäre Wert der dezimalen Zahl 47.346 ist gleich:	A. 111101.001011 B. 101111.010110001 C. 101111.01101	○

3.4. UMRECHNUNG DEZIMAL - BINAER VON GEBROCHENEN ZAHLEN

Bei gebrochenen Zahlen muss der ganze Teil separat umgewandelt werden (Methode siehe Seiten 58 - 59). Der Bruchteil nach dem Dezimalpunkt wird durch wiederholtes Multiplizieren mit zwei ① in den binären Wert umgewandelt. Das Resultat wird in Pfeilrichtung ② geschrieben. Beachten Sie bitte die Position des Dezimalpunktes ③ :

Probe:	0.	0	1	0	1	0	1	1	1	=
		0.5	0.25	0.125	0.0625	0.03125	0.015625	0.0078125	0.00390625	

0.25
0.0625
0.015625
0.0078125
0.00390625
____
0.33984375
==========

Das Ergebnis der Probe stimmt mit dem ursprünglichen Wert (0.34) nicht ganz überein. Wir müssten noch weiter rechnen. Der Computer rechnet oft bis auf z.B. 27 binäre Stellen genau. Wir haben uns mit acht Stellen begnügt - weil wir eben kein Computer sind.

ZUSATZINFORMATION

Um bei einer gegebenen Zahl anzugeben, in welchem Zahlensystem diese dargestellt ist, wird folgende Darstellung benützt:

$10/_2$ → Binärsystem

$4F/_{16}$ → Hexadezimalsystem (Sedezimalsystem)

$36/_8$ → Oktalsystem

NOTIZEN

← Seiten 56 und 59

① ZEICHENVORRAETE VON VERSCHIEDENEN ZAHLENSYSTEMEN

BINAERES ZAHLENSYSTEM: 0, 1
OKTALES ZAHLENSYSTEM: 0, 1, 2, 3, 4, 5, 6, 7
DEZIMALES ZAHLENSYSTEM: 0, 1, 2, 3, 4, 5, 6, 7, 8, 9
HEXADEZIMALES ZAHLENSYSTEM: 0, 1, 2, 3, 4, 5, 6, 7, 8, 9, A, B, C, D, E, F

② VERGLEICHSTABELLE DER VERSCHIEDENEN DARSTELLUNGEN DER GLEICHEN WERTE

DEZIMAL	BINAER	OKTAL	HEXADEZIMAL
0	0	0	0
1	1	1	1
2	10	2	2
3	11	3	3
4	100	4	4
5	101	5	5
6	110	6	6
7	111	7	7
8	1000	10	8
9	1001	11	9
10	1010	12	A
11	1011	13	B
12	1100	14	C
13	1101	15	D
14	1110	16	E
15	1111	17	F
16	10000	20	10
17	10001	21	11
⋮	⋮	⋮ ④	⋮
255	11111111	377	FF

③

3.5. OKTALES UND HEXADEZIMALES ZAHLENSYSTEM

Hätten wir nur je vier Finger an jeder Hand, würden wir heute wahrscheinlich im Achtersystem rechnen. Die Ziffern 8 und 9 wären uns unbekannt. Hätten wir jedoch acht Finger an jeder Hand, würden wir um sechs weitere Ziffern reicher. Das hexadezimale Zahlensystem (Sechszehnersystem) braucht nämlich sechszehn Ziffern. Vereinbarungsgemäss leihen wir uns die ersten sechs Buchstaben des Alphabetes aus ① .

Betrachten Sie jetzt bitte die Vergleichstabelle ② !

In der letzten Zeile können wir gut sehen, wie einfach man von binären Zahlen zu den oktalen ③ und hexadezimalen ④ übergehen kann. Die Dreiergruppen ③ entsprechen dem Oktalsystem und die Vierergruppen ④ dem Hexadezimalsystem. (Weil 2 hoch 3, also 2^3,= 8 und 2^4 = 16 ist.)

Einige Beispiele:

$1010011/_2$ = 1 010 011 = $123/_8$ = 101 0011 = $53/_{16}$

$11101100/_2$ = 11 101 100 = $354/_8$ = 1110 1100 = $EC/_{16}$

Die Umwandlung vom dezimalen zum oktalen oder hexadezimalen Zahlensystem erfolgt bequem über das binäre Zahlensystem:

$394/_{10}$ = $110001010/_2$ (Siehe Seite 58 unten !)

↓

$110001010/_2$ = $612/_8$ = $18A/_{16}$

ANMERKUNG: In den Computern werden oft einzelne dezimale Ziffern binär vercodet. Man spricht dann von binär vercodeten dezimalen Ziffern und Zahlen: (BCD-System = Binär codiertes Dezimalsystem) d.h. jede Dezimalstelle (Ziffer) wird in 4 Binären Ziffern dargestellt.

2 3 4 dezimal = 0010 0011 0100

6,79 dezimal = 0110 V 0111 1001

← Seite 57

① BINAERES RECHNEN

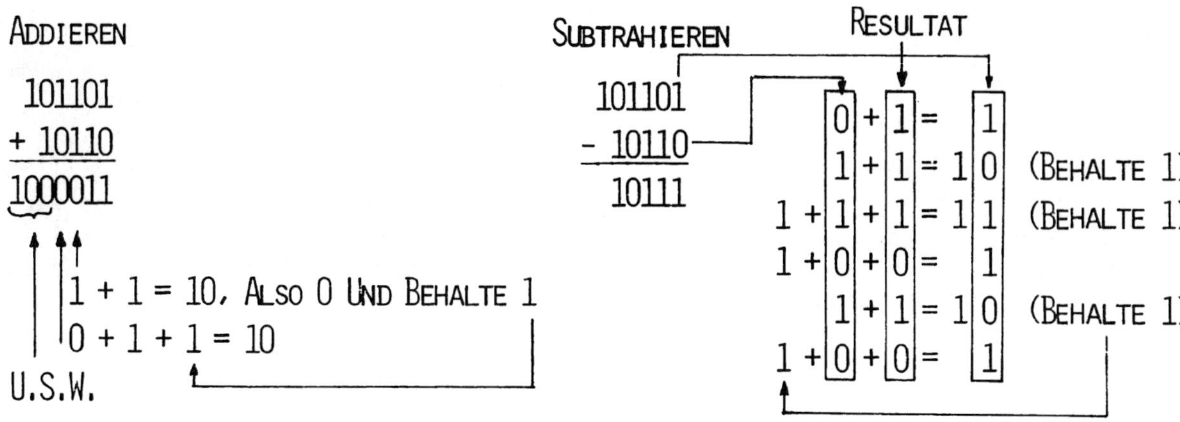

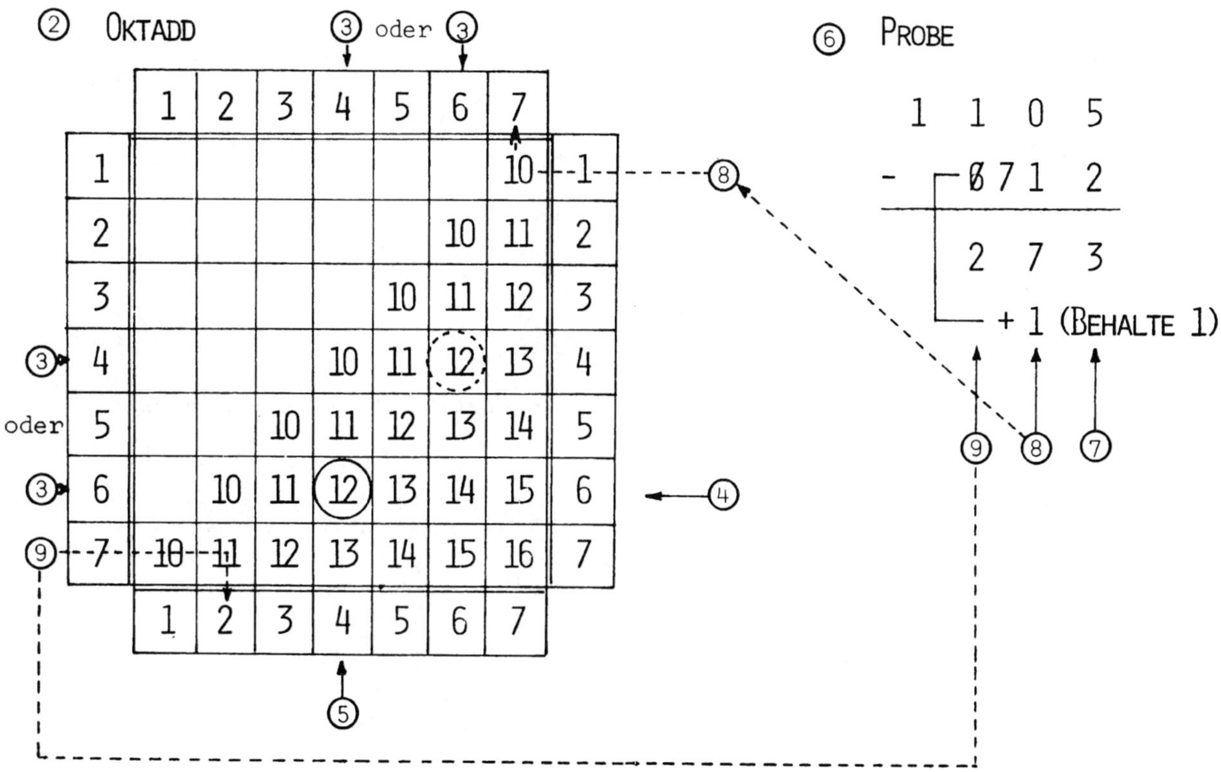

3.6. RECHNEN IM BINAEREN ZAHLENSYSTEM

Am besten sieht man das binäre Rechnen an Beispielen (1) . Die Multiplikation und Division ist für uns nicht wichtig, weshalb wir diese Operationen weglassen.

3.7. RECHNEN IM OKTALEN ZAHLENSYSTEM

Zum Addieren im Oktalsystem benützen wir ein ganz einfaches Rechenmittel (2)

Addieren wir z.B. 4 und 6 oktal (3) . Auf dem Schnittpunkt finden wir die Summe : 4 + 6 = 12 oktal.

Wenn das Resultat nicht 7 überschreitet, brauchen wir kein Rechenmittel, weil in diesem Bereich das oktale Addieren mit dem dezimalen Addieren übereinstimmt. So ist z.B. 4 + 2 = 6 sowohl oktal wie auch dezimal.

Wie subtrahieren wir im Oktalsystem ? In der Zeile des kleineren Operanden, z.B. 6 (4), suchen wir den grösseren Operanden, z.B. 12 (im Kreis). Am Rande der betreffenden Spalte finden wir das Resultat (5) . In unserem Fall ist es 4: 12 - 6 = 4 oktal.

Berechnen wir jetzt, im Oktalsystem, 273 + 612 !

2 + 3 = 5
7 + 1 = 10 (nach Tabelle), dass heisst, wir schreiben die Null auf und behalten Eins.

(2 + 1) + 6 = 11

Also: 1105 ist das Resultat. Machen wir eine Probe (6) ! Der erste Schritt (7) ist klar - die Berechnung stimmt mit dem dezimalen System überein.

ZUSATZINFORMATION

Wie läuft die Probe ab ? Der erste Schritt (7) ist klar. Die Berechnung stimmt mit dem dezimalen System überein.

Im nächste Schritt (8) wird in Zeile 1 die Zahl 10 gefunden und das Resultat ist 7. Für 10 haben wir uns die "1" ausgeliehen. Sie wird im dritten Schritt (9) zu 6 addiert, sodass wir in Zeile 7 die 11 suchen. Resultat ist 2.

Zusammen : 273.

NOTIZEN

← Seite 62

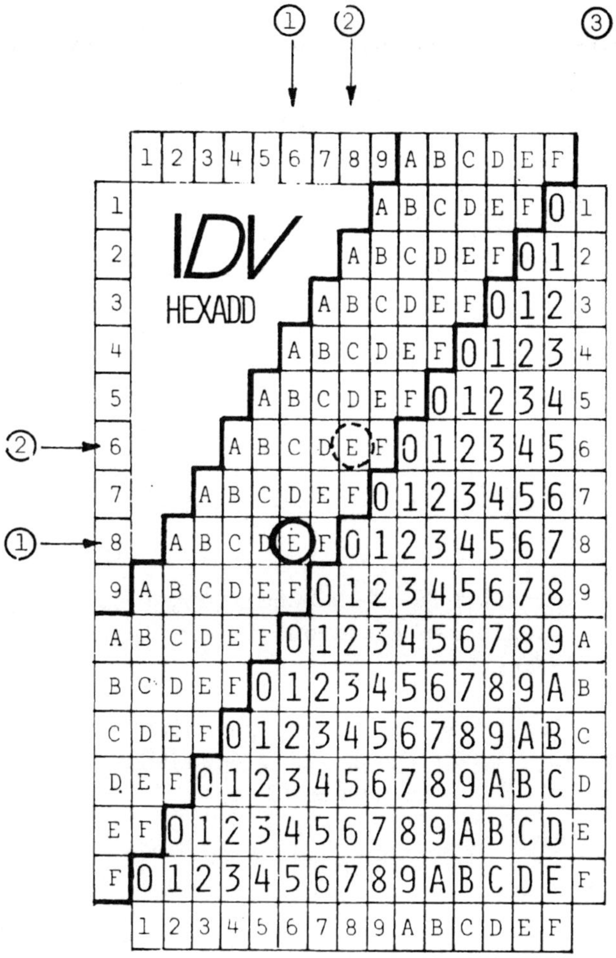

①
②
IDV
HEXADD

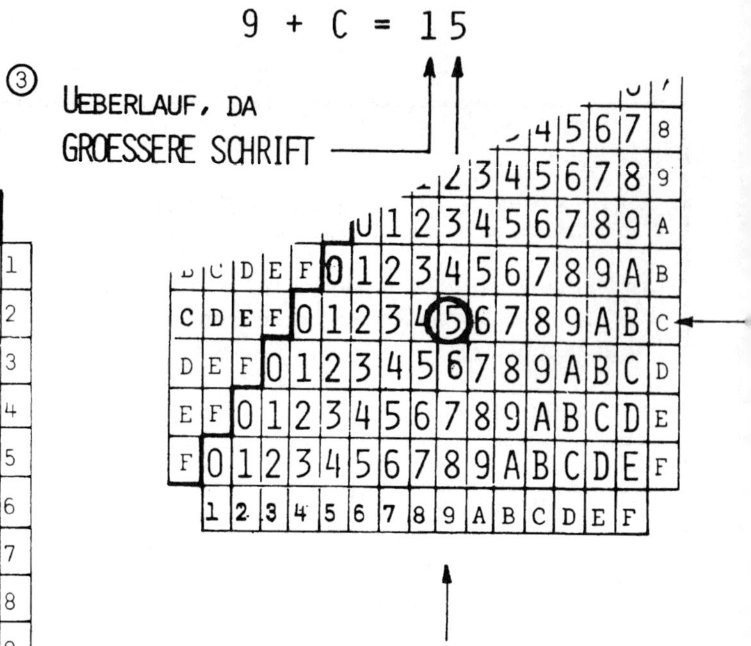

9 + C = 15
③
UEBERLAUF, DA
GROESSERE SCHRIFT

④ PROBE

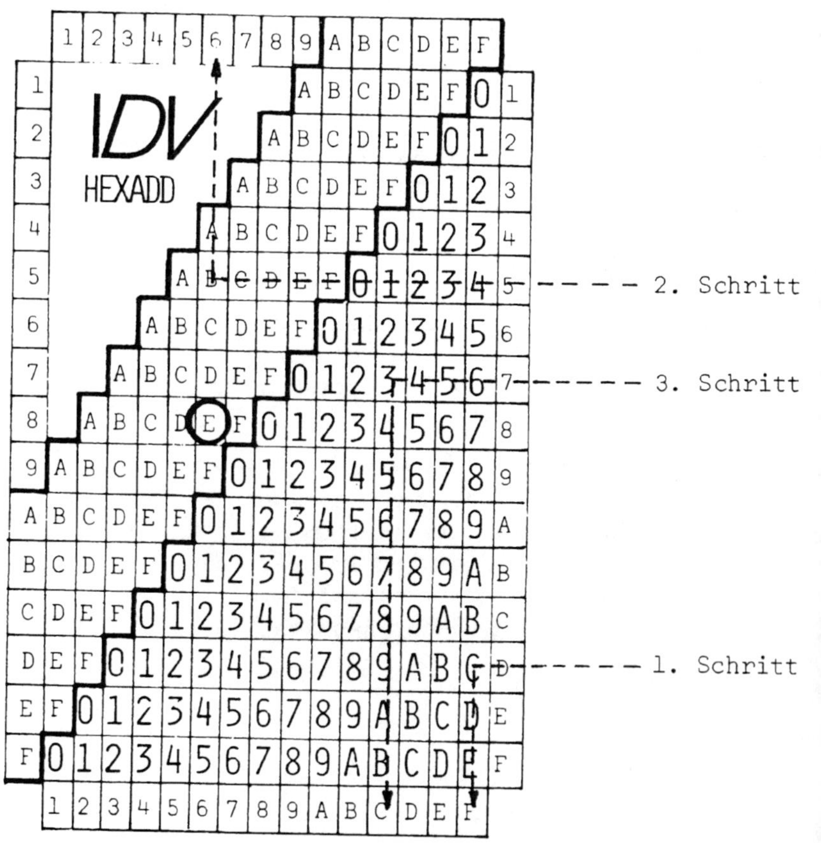

IDV
HEXADD
2. Schritt
3. Schritt
1. Schritt

3.8. RECHNEN IM HEXADEZIMALEN SYSTEM

Wir benützen jetzt das Rechenmittel HEXADD (1) . Addieren wir 8 + 6 ! Auf dem Schnittpunkt finden wir 8 + 6 = E hexadezimal. Wir können die Reihenfolge der Operanden vertauschen: 6 + 8 = E (2) .

Wenn wir beim Ablesen der Resultate auf die **GROESSERE SCHRIFT** stossen, bedeutet das einen Ueberlauf (behalte Eins) : 9 + C = 15 (3) .

Berechnen wir jetzt, hexadezimal, 74D + C6F !

```
    D + F = C und behalte Eins
1 + 4 + 6 = B
    7 + C = 13
```

Es ist also 74D + C6F = 13BC hexadezimal.

Was sagt uns die Probe (4) ?

```
          1 3 B C
      -     7 4 C
      -----------
            C 6 F

       Behalte 1, weil C              (1. Schritt)
4 + 1 = 5, also 5 + ? = B             (2. Schritt)
       Behalte 1 weil 3               (3. Schritt)
   1 - 1 = 0
```

AUFGABEN:

1. Berechnen Sie im binären Zahlensystem:

a) 11011 + 101 = ?
b) 1011 - 110 = ?

2. Berechnen Sie im Oktalsystem:

a) 107 + 240 = ?
b) 444 + 716 = ?
c) 2634 - 715 = ?
d) 700 - 377 = ?

3. Berechnen Sie im Hexadezimalsystem:

a) 4F0 + 6B = ?
b) 22B + FF4 = ?
c) FB4 - C1F = ?
d) 1000 - BB1 = ?

(Haben Sie jeweils eine erfolgreiche Probe gemacht ?)

← Seite 62

4. Einige Rechenwendungen

(1) Dezimalpunkt bei der Addition und Subtraktion

```
   23.247              23.247
+   4.833    ⇒     +    4.833
      ?                28.080
                         ↑
                        (2)
```

(3) Operanden mit unterschiedlicher Anzahl von Dezimalstellen

```
   23.2        23.200        23.2
+   4.833   +   4.833     +   4.833
   28.0 ?      28.033        28.033
                  ↑
                 (4)
```

(5) obwohl richtig wäre 28.080 (siehe (2) oben)

(6) Multiplikation - Ganze Stellen

200 * 4000 = 800000 — 3 Stellen, 4 Stellen, 6 Stellen

800 * 9000 = 7200000 — 3 Stellen, 4 Stellen, 7 Stellen

(7) Multiplikation - Dezimalstellen

1.2 * 0.3 = 0.36 — 1 Dezimalstelle, 1 Dezimalstelle, 2 Dezimalstellen

0.001 * 0.0001 = 0.0000001 — 3 Dezimalstellen, 4 Dezimalstellen, 7 Dezimalstellen

(8) Division - Bestimmung des Dezimalpunktes

(9)

	3	2	1	0	-1	-2
Stelle:	3	2	1	0	-1	-2
Dividend:		7	0	0		
Divisor :				3		
Resultat:		2	3	3		

7 > 3 ... RT = DD - DR = 2 - 0 = 2

700 / 3 = 233

(10)

Stelle:	3	2	1	0	-1	-2	-3	-4	-6	-6	-7	-8
Dividend:				0.	0	3						
Divisor :	7	0	0	0								
Resultat:				0.	0	0	0	0	0	2	3	3

3 < 7 ... RT = DD - DR - 1 = - 2 - 3 - 1 = -6

0.03 / 7000 = 0. 00000233

4.1. BESTIMMUNG DES DEZIMALPUNKTES

Beim Addieren und Subtrahieren haben wir keine grossen Schwierigkeiten ① . Die Dezimalpunkte müssen nur untereinander stehen ② .

Sehen wir uns aber ein anderes Beispiel an ③ ! Wir müssen uns fragen: Ist der Wert 23.2 durch Rundung entstanden (z.B. aus 23.247) oder ist er genau 23.200 ? Im zweiten Fall dürfen selbstverständlich auch die zweite und dritte Stelle addiert werden ④ . Im ersten Fall hat es aber offensichtlich keinen Sinn ⑤ .

Bei der Multiplikation gelten folgende Regeln:

a. Das Resultat hat höchstens so viel ganze Stellen, wie die zwei Operanden zusammen oder um eine weniger ⑥ .

b. Das Resultat hat genau so viel Dezimalstellen, wie die zwei Operanden zusammen Dezimalstellen haben ⑦ .

Bei der Division sind die Verhältnisse komplizierter: ⑧

a. Dividend und Divisor sind grösser als Eins.
Bezeichnen wir die einzelnen Stellen im Dividenden, Divisor und Resultat nach ihren entsprechenden Exponenten (siehe 1 auf Seite 56) :

Stelle:	...	4	3	2	1	0	-1	-2	-3	
(Beispiel :		7	4	3	5	6,	7	7	2	= 74356,772)

Bezeichnen wir weiter die Stelle(den Exponenten) der ersten gültigen Ziffer (das ist die erste von Null verschiedene Ziffer)

des Dividenden mit DD
des Divisors mit DR
des Resultats mit RT.

Wenn die erste gültige Ziffer des Dividenden grösser ist, als die erste gültige Ziffer des Divisors (bei Gleichheit entscheiden die zweiten Ziffern usw.), gilt

RT = DD - DR. ⑨ Andernfalls gilt RT = DD - DR - 1. ⑩

b. Dividend und Divisor sind kleiner als Eins. In diesem Fall werden zuerst die Dezimalpunkte in beiden Operanden um die gleiche Anzahl Stellen nach Rechts verschoben, so dass ganze Zahlen entstehen:

0.007 / 0.00003 = 700 / 3

Nachher wird die Regel (a) angewendet.

c. Die Regel (b) wird auch dann benützt, wenn nur ein Operand eine gebrochene Zahl ist:

7 / 0.03 = 700 / 3

d. Die Anzahl der Dezimalstellen im Resultat einer Division ist nicht allgemein feststellbar. Sie muss sich aus der Aufgabenstellung ergeben:

Berechnen Sie 700 / 3 auf der 2. Dezimalstelle 5er-gerundet:

700 / 3 = 233.35

⟵ Seiten 25, 33 und 56

RUNDUNGSFEHLER (BEISPIELE):

⑥ ABSOLUTER FEHLER

⑦ RELATIVER FEHLER

① $2.49 + 1.49 = 3.98$

GERUNDET:

$2 + 1 = 3$

UNTERSCHIED: $\frac{0.98 * 100}{3} = 33\%$

$1.5 + 0.5 = 2$

GERUNDET:

$2 + 1 = 3$

UNTERSCHIED: $\frac{1 * 100}{3} = 33\%$

② $2.49 - 0.5 = 1.99$

GERUNDET:

$2 - 1 = 1$

UNTERSCHIED: $\frac{0.99 * 100}{1} = 99\%$

③ $2.49 * 1.49 = 3.7101$

GERUNDET:

$2 * 1 = 2$

UNTERSCHIED: $\frac{1.7101*100}{2} = 86\%$

$1.5 * 0.5 = 0.75$

GERUNDET:

$2 * 1 = 2$

UNTERSCHIED: $\frac{0.75 * 100}{2} = 38\%$

④ $2.49 / 1.49 = 1.671$

GERUNDERT:

$2 / 1 = 2$

UNTERSCHIED: $\frac{0.329 * 100}{2} = 16\%$

$1.5 / 0.5 = 3$

GERUNDET:

$2 / 1 = 2$

UNTERSCHIED: $\frac{1 * 100}{2} = 50\%$

⑤ $\frac{2.49 * 1.49}{1.5 * 0.5} = 4.9468$

GERUNDET:

$\frac{2 * 1}{2 * 1} = 1$

UNTERSCHIED $\frac{3.9468*100}{1} = 395\%$

4.2. RUNDUNGSFEHLER

Betrachten Sie bitte den Fehler im Resultat, wenn zwei gerundete Zahlen addiert werden ① . Bei der Subtraktion können noch grössere relative Fehler entstehen ② .

Wie ist es beim Multiplizieren ? ③ Und wie beim Dividieren ? ④

Noch viel schlimmer wirken sich die Rundungsfehler bei komplizierteren Berechnungen aus ⑤ .

Beim Runden nehmen wir bewusst eine gewisse Ungenauigkeit in Kauf, nicht wahr ? Wenn wir bei einer Verkaufsstatistik auf Tausende runden, begehen wir

einen absoluten Fehler von höchstens 500

einen relativen Fehler von höchstens 500/A wobei A die kleinste gerundete Zahl ist.

Beispiele:

Ursprüngliche Werte	Gerundete Werte
12'735,15	13
660'488,20	660
371'992,35	372

Absoluter Fehler: 500 = 0.5 Tausend
Relativer Fehler: 500/13000 =
0.5/13 = 0.038 = 3.8%

Ursprüngliche Werte	Gerundete Werte
12'735,15	13
1'484,60	1
371'992,35	372

Absoluter Fehler: 500 = 0.5 Tausend
Relativer Fehler: 500/1000 =
0.5/1 = 0.5 = 50%

Wenn wir mit gerundeten Zahlen arithmetische Operationen durchführen sollen (Seite 72), müssen wir vorher die möglichen Fehler abschätzen. Bei allzugrossen Fehlern im Resultat wird die ganze Berechnung fragwürdig, was den Sinn des Resultats anbelangt.

Eine tabelarische Uebersicht der Einschätzungen von Rundungsfehlern in arithmetischen Grundoperationen finden Sie auf der nächsten Seite.

Beachten Sie bitte noch die absoluten ⑥ und die relativen ⑦ Fehler in unseren Beispielen auf Seite 72 !

← Seite 31

① BEZEICHNUNGEN

2.49 + 1.49 = 3.98
2 + 1 = 3

U (2), V (1)

0.49 (DU) 0.49 (DV) 0.98 (AF)

UNTERSCHIED: $\frac{0.98 * 100}{3} = 33\%$ (AF = 0.98, RF = 33%)

② TABELLE DER RUNDUNGSFEHLER IN ARITH. GRUNDOPERATIONEN

Rechenart	Absoluter Fehler (AF)	Relativer Fehler (RF)
Addition (U + V)	DU + DV	(DU + DV) / |U + V|
Subtraktion (U - V)	DU + DV	(DU + DV) / |U - V|
Multiplikation (U * V)	DU * |V| + DV * |U|	DU / |U| + DV / |V|
Division (U / V)	(DU * |V| + DV * |U|) / V^2	DU / |U| + DV / |V|

③ ABSOLUTER WERT

|2| = 2 |1 + 3| = 4 |U - V| = 5, wenn z.B. U = 7 und V = 12

|-2| = 2 |1 - 3| = 2 |U + V| = 2, wenn z.B. U = -3 und V = 1.

FRAGE	ANTWORT	IHRE LOESUNG
1. Wieviel ist |- 5| ?	A. 5 B. - 5	○
2. Wieviel ist |3 - 6| ?	A. - 3 B. 3	○
3. Kann man den relativen Fehler auch anders berechnen ?	A. Ja B. Nein	○

4.3. EINSCHAETZEN DER AUSWIRKUNG VON RUNDUNGSFEHLERN

Bezeichnen wir die gerundeten Operanden mit U und V, die Differenzen zwischen den ursprünglichen und den gerundeten Werten der Operanden mit DU und DV, und schliesslich den absoluten Fehler mit AF und den relativen Fehler mit RF ①.

In der Tabelle ② der Rundungsfehler in arithmetischen Grundoperationen finden Sie die Formeln für Einschätzen der grösstmöglichen Fehlern.

In dieser Tabelle kommen einigemal senkrechte Striche vor, z.B. $|U - V|$. Sie bezeichnen den sogenannten absoluten Wert. Merken Sie sich bitte:

> Der absolute Wert ist immer ohne Vorzeichen zu verstehen; er wird in der Praxis oft als positiv angenommen. ③

Zwei Beispiele zum Einschätzen der Auswirkung von Rundungsfehlern:

a. Die Erträge und die Kosten wurden für die Statistik auf Hunderte gerundet:

Kostenstelle	Erträge	Kosten	AF (Differenz)	RF (Differenz)	AF (Quotient)	RF (Quotient)
1.	13.4	15.8	0.1	4.2%	0.6 (%)	0.7%
2.	776.8	741.0	0.1	0.3%	0.0 (%)	0.0%
3.	2.7	2.6	0.1	100.0%	3.9 (%)	3.8%

Wir wollen jetzt den Gewinn = Erträge - Kosten ermitteln. Der grösste absolute Fehler beläuft sich auf 100 Fr., weil DU = 50, DV = 50 wegen der 10er-Rundung auf Hunderte. Der grösste relative Fehler ist gleich 100 %, weil DU + DV = 100 = 0.1 (Tausende oder $0,1 \times 10^3$) und $| U - V | = | 2.7 - 2.6 | = 0.1$. Folglich 0.1 / 0.1 = 1 = 100 %.

b. Mit welchem absoluten und mit welchem relativen Fehler würde das Verhältnis Erträge / Kosten behaftet ?
Auch in diesem Fall sind die kleinsten Zahlen (2.7 und 2.6) offenbar die gefährlichsten!

← Seite 73

Prozentrechnung

(3) (2)

$$\text{Prozentsatz} = \frac{\text{Prozentwert} * 100}{\text{Grundwert}} \qquad 50 = \frac{6\ \text{m} * 100}{12\ \text{m}}$$

(1) (4)

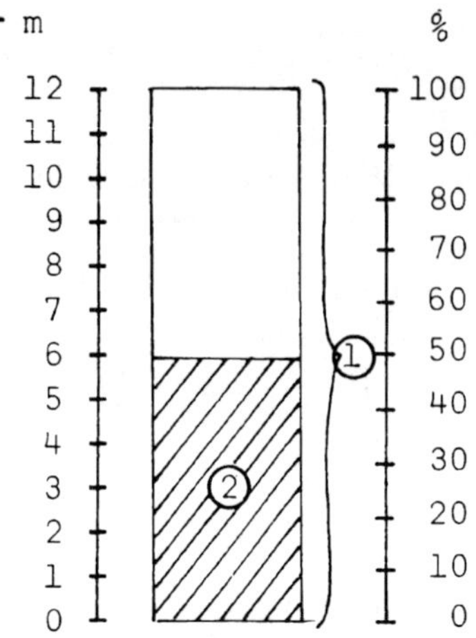

(5) $$\text{Prozentwert} = \frac{\text{Grundwert} * \text{Prozentsatz}}{100}$$

$$\text{Grundwert} = \frac{\text{Prozentwert} * 100}{\text{Prozentsatz}}$$

Zinsrechnung

(6) $$\text{Jahreszins} = \frac{\text{Kapital} * \text{Zinsfuss}}{100}$$ oder Z = (K * P) / 100

Zinseszinsrechnung

(7) EK = AK * Q * * N, wobei ** für Potenzieren steht und Q = 1 + P/100.

(8) EK = AK * (1 + P / (100 * M)) * * (M * N).

AUFGABEN:

Berechnen Sie:

1. Den Grundwert, wenn der Prozentwert = 60 und der Prozentsatz 12 sind.
2. Den Zinsfuss, wenn das Kapital = 800 und die Jahreszinsen = 28 sind. (Einfache Zinsrechnung)
3. Das Endkapital, wenn AK = 500, P = 5 und N = 2 sind. (Zinseszinsrechnung)

4.4. PROZENT- UND ZINSRECHNUNG

Wieviel ist 20 % von 400 Fr. ? Natürlich 80 Fr. Das ist doch klar ?

Wieviel Prozent macht 6 m von 12 m aus ? 50 %. Auch klar ?

Um wieviel Prozent weicht der Ist-Wert = 48 Tausend Fr. vom Soll-Wert = 50 Tausend Fr. ? Um 4 % oder um -4 % ?

Um wieviel Prozent hat sich mein Bankkonto verändert, wenn ich zum 1. Januar auf dem Konto 1000 Fr. hatte und zum 1. April habe ich um 500 Fr. "überzogen", sodass ich eigentlich über -500 Fr."verfüge"? Lautet die Antwort 150 % oder -150 % oder kann die Antwort gar nicht gegeben werden ?

Bei der Prozentrechnung unterscheiden wir den Grundwert ① , den Prozentwert ② und den Prozentsatz ③ .

Der Grundwert und der Prozentwert sind immer gleichbenannte Grössen ④ , z.B. Fr. oder m oder Stück. Es ist klar, dass der Grundwert und der Prozentwert den gleichen sachlichen Inhalt haben müssen, sonst wäre ein Vergleich unmöglich. Die Antwort nach der prozentualen Veränderung meines Bankkontos kann also nicht beantwortet werden, weil sich nicht nur der Wert, sondern auch der sachliche Inhalt geändert hat (Guthaben - Schulden).

Die einfachen Jahreszinsen werden nach einer Formel berechnet, die mit der zweiten Formel der Prozentrechnung ⑤ übereinstimmt. Nur die Benennungen sind jetzt anders ⑥ .

Bei der Zinseszinsrechnung werden auch die Zinsen verzinst, nicht nur das Kapital. Nach n Jahren ist das Endkapital (EK) gleich dem Anfangskapital (AK) mal Zinsfaktor hoch n ⑦ . Diese Formel gilt nur, wenn die Zinsen zum Kapital jährlich hinzukommen. Werden die Zinsen jedoch m-mal pro Jahr zum Kapital hinzugetan und mitverzinst (z.B. vierteljährlich, wobei m = 4), gilt eine etwas kompliziertere Formel ⑧ .

DREISATZRECHNUNG

① 15 Stück kosten 60 Fr.
7 Stück kosten X Fr. ② ANSATZ

③ ③

⑤

④ 7 : 15 = X : 60 oder 7 / 15 = X / 60 oder $\frac{7}{15} = \frac{X}{60}$ / mal 60

$\frac{7 * 60}{15} = X$ / Seiten vertauschen

> Wir könnten auch sagen:
>
> Je weniger (Stück) desto weniger (sie kosten).

$X = \frac{420}{15}$

X = 28 Fr.
======

⑥ ANSATZ :

60 km/Std. . . . . . . 3 Std.
80 km/Std. . . . . . . X Std.

Pfeile von gegenseitiger Richtung

ENTSCHEID :

Je mehr (Stundenkilometer), desto weniger (Zeit). ALSO: INDIREKT !

LOESUNG:

$\frac{60}{80} = \frac{X}{3}$ / mal 3

$\frac{60 * 3}{80} = X$ / Seitenvertauschen

$X = \frac{180}{80}$

X = 2.25 = 2 Std. 15 Min.
=========================

> ODER:
>
> Je weniger (Stundenkilometer), desto mehr (Zeit).

4.5. DREISATZRECHNUNG

In der Dreisatzrechnung wird aus drei bekannten Grössen eine vierte unbekannte Grösse berechnet ①. Dabei wird uns die Kenntnis des Rechnens mit Brüchen (siehe Seite 26) sehr behilflich sein.

Die Lösung beginnt mit dem Entscheid, ob das gegenseitige Verhältnis der beiden Seiten des Ansatzes ② direkt oder indirekt ist. Am besten kann der Entscheid anhand der Ueberlegung "je mehr desto mehr" (direkt) oder "je mehr desto weniger" (indirekt) gemacht werden.

In unserem Beispiel ① gilt offensichtlich "je mehr (Stück) desto mehr (sie kosten)". Das direkte Verhältnis deuten wir durch Pfeile von gleicher Richtung ③.

Die Lösung setzt dann mit Zusammenstellen einer Gleichung fort ④. Auf Seiten 42 bis 49 haben wir die Lösung von linearen Gleichungen mit einer Unbekannten kennengelernt. Diese Kenntnis nützen wir jetzt aus ⑤. Die Antwort lautet also: 7 Stück kosten 28 Fr.

Ein weiteres Beispiel:
Mit einer durchschnittlichen Geschwindigkeit von 60 Stundenkilometer wird eine bestimmte Strecke in 3 Stunden bewältigt. Wieviel Zeit braucht man bei einem Durchschnitt von 80 km/Std. ? ⑥

AUFGABEN:

1. Auf 1600 Quadratmeter können wir 4200 Stück lagern. Wieviel Stück können wir höchstens am Lager haben, wenn wir 200 Quadratmeter Lagerfläche anders verwenden müssen ?

2. Eine gewisse Tankstelle setzt täglich im Durchschnitt 2500 Liter Superbenzin ab. Ihr voller Tank reicht für 4 Tage. Wie lange reicht ein voller Tank, wenn der Absatz auf 3000 Liter pro Tag steigt ?

3. Sie haben 79 Seiten dieses Textes in 14 Arbeitsstunden bewältigt. Wieviel Stunden brauchen Sie für den ganzen Kurs, wenn Sie das bisherige Lerntempo einhalten können ?

← Seite 26

① 5. 1. 67 bis und mit 14. 3. 70

```
AJ = 67          EJ = 70          (EJ - AJ) * 360  ——→  3 * 360 = 1080
AM =  1          EM =  3          (EM - AM) *  30  ——→  2 *  30 =   60
AT =  5          ET = 14          (ET - AT) +   1  ——→  9 +   1 =   10
                                                                  ————
                                                                  1150
                                                                  =====
```

② Weitere Beispiele der Zeitberechnung

7.4.70 bis und mit 2.2.71

```
(EJ - AJ) * 360 = (71 - 70) * 360 =   1 * 360 = 360
(EM - AM) *  30 = ( 2 -  4) *  30 = - 2 *  30 = -60
(ET - AT) +   1 = ( 2 -  7) +   1 = - 5 +   1 = - 4
                                                ————
                                                296 Tage
                                                ========
```

15.8.96 bis und mit 31.3.71

```
(EJ - AJ) * 360 = (171 - 96) * 360 = 75 * 360 = 27000
(EM - AM) *  30 = (  3 -  8) *  30 = -5 *  30 = - 150
(ET - AT) +   1 = ( 30 - 15) +   1 = 15 +   1 =    16
                                                 —————
                                                 26866 Tage
                                                 ==========
```

1.1.71 bis und mit 31.12.71

```
(EJ - AJ) * 360 = (71 - 71) * 360 =  0 * 360 =   0
(EM - AM) *  30 = (12 -  1) *  30 = 11 *  30 = 330
(ET - AT) +   1 = (30 -  1) +   1 = 29 +   1 =  30
                                               ———
                                               360 Tage
                                               ========
```

10.4.71 bis und mit 10.4.71

```
(EJ - AJ) * 360 = (71 - 71) * 360 = 0 * 360 =   0
(EM - AM) *  30 = ( 4 -  4) *  30 = 0 *  30 =   0
(ET - AT) +   1 = (10 - 10) +   1 = 0 +   1 =   1
                                              ———
                                                1 Tag
                                              ========
```

4.6. PRO-RATA-BERECHNUNGEN NACH DER BANK-USANZ

Nach der Bank-Usanz hat jeder Monat 30 Tage und jedes Jahr 360 Tage. Diese Konvention ermöglicht eine einfache rechnerische Gestaltung der Pro-Rata-Berechnungen.

Bezeichnen wir das Anfangsjahr mit AJ und das Endjahr mit EJ. Aehnlich bezeichnen wir die Monate mit AM und EM und die Tage mit AT und ET.

Berechnen wir jetzt die Anzahl der Tage vom 5.1.67 bis und mit dem 14.3.70 ① !

Sehen Sie sich bitte einige weitere Beispiele an ② !

Beachten Sie bitte das Subtrahieren im ersten dieser Beispiele. Im zweiten Beispiel sehen Sie das Handhaben des Datums vom vergangenen Jahrhundert. Wenn wir alle vier Ziffern des Jahres nehmen, sind wir natürlich dieser Frage los. Bei der EDV sind wir jedoch gewöhnt, mit dem Speicherplatz zu sparen und folglich die zu verarbeitenden Angaben möglichst kurz zu halten.

Das dritte und vierte Beispiel in ② sollen Sie überzeugen, dass die Formeln richtig funktionieren.

Berechnen wir jetzt einfach Zinsen vom Kapital 2000.- Fr. beim Zinsfuss 5 % und für die Zeitspanne vom 31.1.71 bis und mit 28.2.71. Die Formel ⑥ von Seite 76 lautet jetzt:

Z = (K * P * T) / (100 * 360), wobei T die Anzahl der Tage ist.

T = (EJ - AJ) * 360 + (EM - AM) * 30 + (ET - AT) + 1 = (71 - 71) * 360 +
(2 - 1) * 30 + (30 - 30) + 1 = 0 * 360 + 1 * 30 + 0 + 1 = <u>31 Tage</u>

(Ueberrascht ? Auch Februar hat nach der Bank-Usanz 30 Tage ! Und es kommt noch 1 Tag vom Januar dazu, obwohl der 31. Januar nach der Bank-Usanz gar nicht existiert. Lustig, was ?)

Z = (2000 * 5 * 31) / (100 * 360) = 310 000 / 36 000 = 8.61 Fr.
========

① Warum Wird Oft Ohne Ueberschaubare Unterlagen Entschieden

Aus Zeitnot

Weil Wir Die Methodik Der Entscheidungtabellen Nicht Kennen

Weil Wir All Zu Bequem Sind

Weil Wir Es So Gewoehnt Sind

Aus Mangel An Informationen

② Entscheidungstabelle

⑤ Regeln

			1	2	3	4	5	6	7	8
③ Bedingungen	1	Schlussprüfung aus der Algebra bestanden ?	J	J	J	J	N	N	N	N
	2	IDV-Kurs für gut gefunden ?	J	J	N	N	J	J	N	N
	3	Zeit für den nächsten Kurs vorhanden ?	J	N	J	N	J	N	J	N
④ Aktionen	1	Schlussprüfung wiederholen	-	-	-	-	X	X	-	-
	2	Eine andere EDV-Schule aussuchen	-	-	X	-	-	-	X	-
	3	Nächsten IDV-Kurs buchen	X	-	-	-	-	-	-	-
	4	EDV-Ausbildung vorläufig aufgeben	-	X	-	X	-	-	-	-
	5	EDV-Ausbildung aufgeben	-	-	-	-	-	-	-	X

AUFGABE :

Erstellen Sie eine Entscheidungstabelle für den folgenden Fall:

Herr Ix Ypsilon will jetzt anhand der Aufgaben auf Seiten 84 und 85 feststellen, ob er im Studium weiterfahren soll, oder ob er eine Wiederholung einlegt. Wenn er mindestens drei Viertel aller Aufgaben richtig gelöst hat, wiederholt er erst nach Durcharbeiten des ganzen Kurses. Bei weniger als 50% richtiger Lösungen will er gleich mit der Wiederholung beginnen. Wenn aber das Wetter am Wochenende günstig ist, verschiebt er die Wiederholung auf Montag. Sonst weiss er nicht richtig, was er machen soll. Er wirft eine Münze ! Die Vorderseite soll "Wiederholen !" bedeuten, die Rückseite "Wiederholung erst am Ende !"

4.7. PRINZIP VON ENTSCHEIDUNGSTABELLEN

Jeder von uns muss täglich viele Entscheide fällen. Oft sind die Bedingungen und die zu treffenden Massnahmen einfach und gut überschaubar. Der richtige Entscheid kann ohne Schwierigkeiten getroffen werden. Manchmal ist aber der richtige Entscheid nicht so greifbar, weil die Situation kompliziert ist. Aus verschiedenen Gründen ① treffen wir auch dann einen Entscheid, wenn wir gar nicht überzeugt sind, dass uns alle Bedingungen und alle ihre Kombinationen bekannt sind.

Haben Sie sich z.B. schon darüber Gedanken gemacht, wie es weiter geht mit Ihrer EDV-Ausbildung ? Genau gesagt:

Werden Sie den nächsten Kurs bei IDV buchen ? Ja oder Nein ? Eine Entscheidungstabelle ② könnte Ihnen behilflich sein. Sie besteht aus Bedingungen ③, Aktionen ④ und Verhaltensregeln ⑤ .

Jede Bedingung ist als eine Frage formuliert, die mit Ja (J) oder Nein (N) beantwortet werden kann. Es werden dann alle möglichen Kombinationen der Antworten aufgeführt. Das ist der obere Teil der Regeln.

Jede Aktion belegt eine Zeile im unteren Teil der Entscheidungstabelle. Mit X ist das Durchführen der Aktion gekennzeichnet. (Es ist denkbar, dass in einer Spalte mehrere X auftreten können.)

Die Spalten geben an, welche Aktion (bzw. welche Kombination von Aktionen) bei einer bestimmten Kombination der Bedingungen durchzuführen ist.

ZUSATZINFORMATION

Durch eine Regel wird festgelegt, welche Aktionen ausgelöst werden sollen, wenn eine bestimmte Kombination von Bedingungen aufgetreten ist. So hoffe ich, dass bei Ihnen die folgende Kombination von Bedingungen an Ende dieses Kurses zutrifft:

1. Sie haben die Schlussprüfung bestanden (J in erster Zeile).
2. Sie haben unser Kurs für gut gefunden (J in zweiter Zeile).
3. Sie finden Zeit für den nächsten IDV-Kurs (J in dritter Zeile).

Für Sie trifft also die Regel 1 zu $\begin{pmatrix} J \\ J \\ J \end{pmatrix}$

Die auszulösende Aktion heisst also: Nächsten IDV-Kurs buchen (3.Aktion).

NOTIZEN

4.8. WIEDERHOLUNGSAUFGABEN

1. Welches ist die grösste Zahl ?
2. Welches ist die grösste Ziffer aller Zahlensysteme?
3. 15 ist:
   a. Eine ganze Zahl.
   b. Eine natürliche Zahl.
   c. Eine positive Zahl.
   d. Ein Zahlwort.
   e. Die höchste Ziffer im Hexadezimalsystem.
4. Ist 4.0 eine ganze Zahl ?
5. Was ist richtig ?

   a. 7/0 = 1

   b. 7/0 = 7

   c. 7/0 = 0

   d. 7/0 ist nicht definiert.

6. Berechnen Sie:

   a. $\frac{1}{2} + \frac{1}{3} =$ d. $\frac{3}{4} * \frac{2}{5} =$ g. $\frac{4}{5} : 2 =$

   b. $\frac{1}{6} - \frac{2}{3} =$ e. $\frac{4}{7} * 2 =$ h. $\frac{7}{6} : 3 =$

   c. $\frac{9}{6} - \frac{3}{2} =$ f. $\frac{2}{3} : \frac{3}{2} =$ i. $-\frac{1}{3} : \frac{2}{4} =$

7. Wieviel ist -271.245 nach der 10er-Rundung auf

   a. Hundertstel c. die ganze Zahl e. Hunderte
   b. Zehntel d. Zehner f. Tausende

8. Führen Sie eine 5er-Rundung der Zahl 47.264 auf der 3., 2. und 1. Dezimalstelle durch !

9. Berechnen Sie X, wenn

   a. 2 * X - 2 = X b. 2/X - 1 = 3 c. A - B * X = C * X

10. In welchem Bereich muss Z liegen, wenn

   a. $-Z * B < A$ b. $A/Z - B \leq C$

11. Rechnen Sie 23.09 dezimal um, auf:

    a. Binär   b. Oktal   c. Hexadezimal

12. Berechnen Sie:

    a. Binär: 10111 - 1011   b. Oktal: 1672 - 715   c. Hexadezimal: C17F - B2AA

13. Berechnen Sie

    a. 0.007 * 0.03 =   b. 12.34 * 0.00001 =

14. In einem statistischen Bericht habe ich die folgenden Angaben gelesen:

    Bevölkerung (in Mio) : 17.2
    Einkommen (in Mrd) : 34.4
    Einkommen pro Kopf (in Tausender) : 2.0

    Mit welchem maximalen absoluten und relativen Fehler ist die Angabe über das Einkommen pro Kopf belastet ?

15. Welches Kapital liefert beim Zinsfuss von 5 % die einfachen Jahreszinsen von 200.00 Fr. ?

16. Welches Endkapital bringt das Anfangskapital von 5000 Fr. nach 3 Jahren beim Zinsfuss 10 % ?

17. Auf einem gewissen Bauland finden 14 Bungalows vom Typ UP-X Platz. Wieviele Bungalows vom Typ UP-Z könnte man dort bauen, wenn dieser Typ um 20 % mehr Platz braucht ?

18. Wer fünf Jahre bei einer gewissen Firma angestellt ist, bekommt eine Prämie von P Franken. Steigt er früher aus, bekommt er 75 % des Pro-Rata Anteils. Mein Freund war bei dieser Firma vom 1.7.1968 bis zum 31.3.1971 angestellt. Welche Prämie hat er bekommen ?

    (Die Dauer des Arbeitsverhältnisses wird nach der Bank-Usanz bestimmt).

5. Arithmetische Ausdruecke

① PROGRAMM-SCHREIBWEISE VON ARITHMETISCHEN OPERATOREN

ALGEBRA	OPERATION	PROGRAMM
+	Addition	+
-	Subtraktion	-
x oder ·	Multiplikation	*
: oder —	Division	/

② VARIABLEN-NAMEN IM PROGRAMM

ALGEBRA	PROGRAMM
a - b	A - B
m + 1	M + 1
x·y	X * Y
c x d	C * D
u : v	U / V
$\frac{h}{g}$	H / G

FRAGE	ANTWORT	IHRE LOESUNG
1. Die Operatoren für die Addition und Subtraktion sind ?	A. Im Programm und in der Algebra gleich. B. Im Programm anders, als in der Algebra.	○
2. Die Operatoren für die Multiplikation und Division sind ?	A. Im Programm und in der Algebra gleich. B. Im Programm anders, als in der Algebra.	○
3. Im Programm	A. Dürfen ausser den Ziffern und Sonderzeichen nur Grossbuchstaben vorkommen. B. Darf man alle beliebigen Zeichen verwenden, auch die kleinen Buchstaben.	○

5.1. ARITHMETISCHE OPERATOREN

Bei der Programmierung von elektronischen Datenverarbeitungsanlagen werden einige arithmetische Operatoren anders geschrieben, als wir von der Algebra her gewohnt sind ①. Die Gründe dafür liegen im Konzept der Programmiersprachen und der Uebersetzungsprogramme, die Sie erst später kennenlernen werden.

In der Uebersichtstabelle ① sind nur die Operatoren der vier Grundrechenarten aufgeführt. Mit dem Potenzieren und Wurzelziehen werden wir uns erst später befassen.

5.2. BEZEICHNUNG DER VARIABLEN

In der Algebra werden die Variablen meistens mit kleinen Buchstaben geschrieben. Bei der Programmierung hingegen sind kleine Buchstaben nicht erlaubt. Wir müssen deshalb ausschliesslich Grossbuchstaben benützen ②.

Die Variablen werden in der Algebra meistens nur mit einem Buchstaben bezeichnet. Bei der Programmierung wenden wir oft ganze Worte oder Abkürzungen an:

SUMME, BETRAG, ABT1, ALPHA

Beachten Sie bitte in den obigen Beispielen der Variablennamen, dass sie durchgehend gross geschrieben sind und dass sie etwas über ihre Bedeutung aussagen. Der Fachmann sagt für letzteres: mnemonisch oder mnemotechnisch günstig.

ZUSATZINFORMATION

Das Repertoire der verfügbaren Zeichen ist in den meisten Computern beschränkt. Der Hauptgrund dafür ist die Druckeinrichtung, die viel langsamer ist, als die sehr schnelle elektronische Zentraleinheit des Computers. Durch Beschränken der Anzahl der Druckzeichen wird der Druckvorgang beschleunigt. Heutzutage beläuft er sich auf zirka 1000 Zeilen pro Minute.

NOTIZEN

① Regeln fuer die Bildung von Variablennamen

REGEL	BEISPIELE
Ein Name darf aus höchstens 6 Zeichen gebildet werden.	A, BETRAG, NUMMER
Ein Name darf nur aus grossen Buchstaben und Ziffern bestehen. Keine Sonderzeichen sind erlaubt.	VAR5, OP202, I11
Das erste Zeichen in einem Namen muss ein Buchstabe sein.	X77443, A15

② Arithmetische Ausdruecke

(Beispiele)

A + B

A - B + C

WERT * PROZ

③ LEERSTELLEN

A + B

④ OPERANDEN

⑤ Ohne Leerstellen

A+B

VORSICHT: Z.B. IN COBOL VERBOTEN!

AUFGABEN

1. Schreiben Sie die folgenden arithmetischen Ausdrücke in der Programm-Schreibweise:

   a · b   m-n+p   q:r   s+t $\frac{w}{z}$

2. Welche der folgenden Namen verstossen gegen unsere Regeln für die Bildung von Variablen-Namen und warum ?

   REG01, WURZEL, 2WURZ, KOEFFIZ, ABT-1, A 1, 2227, WURZ/X, Beta

3. Welche der folgenden arithmetischen Ausdrücke sind vom Standpunkt unseres Lehrgangs aus falsch geschrieben ?

   MENGE * PREIS   SUMME/ANZAHL   GLIED +INKREM

5.3. BILDUNG VON VARIABLENNAMEN

Die einzelnen Programmiersprachen haben spezielle Regeln für die Bildung von Variablennamen. In diesem Lehrgang werden wir alle Namen nach den Regeln bilden, die in den Programmiersprachen ALGOL, COBOL, FORTRAN und PL/1 einzuhalten sind. Jede dieser Sprachen erlaubt zwar Erweiterungen zu unseren gemeinsamen Regeln, aber Sie werden sich an keine Schreibweise gewöhnen, die Sie später nicht benützen können (1).

5.4. ARITHMETISCHE AUSDRUECKE

Ein arithmetischer Ausdruck vereinigt in sich eine oder mehrere arithmetische Operationen (2). In diesem Lehrgang gewöhnen wir uns an, vor und nach jedem arithmetischen Operator eine Leerstelle freizulassen (3). In der Programmiersprache COBOL ist es so vorgeschrieben. In FORTRAN z.B. darf man zwar die Operanden (4) ganz dicht an den Operator anschliessen (5), die Schreibweise mit Leerstellen ist jedoch in FORTRAN auch erlaubt.

ZUSATZINFORMATION

Die Programmiersprache COBOL erlaubt z.B. Namen, die bis zu 30 Zeichen aufweisen. Auch Bindestriche sind innerhalb von COBOL-Namen erlaubt. Hingegen sind in ALGOL nur 6 Zeichen lange Namen ohne Spezialzeichen anzuwenden.

NOTIZEN

← Seite 89

① Buchstabe O und Zahl Null

② Aufloesen von arithmetischen Ausdruecken
(Beispiel)

Für AR = 4

BA = 2

VI = 3 ergibt AR + BA * VI

4 + 2 * 3

6

10, da Multiplikation vor Addition Vorrang hat!

③ Operationen mit gleicher Prioritaet
(Beispiele)

Für A = 4

B = 3

C = 2 ergibt A * B * C

4 * 3 * 2

12

24

A * B / C

4 * 3 / 2

12

6

A / B * C

4 / 3 * 2

1,33...

2,66...

5.5. BUCHSTABE O und Zahl Null

Das Programm wird vom Programmierer in vorgeschriebene Programmblätter geschrieben. Nachher muss das Programm in Lochkarten abgelocht werden. Um die Verwechslung von O und 0 (sehen Sie!) seitens der Locherin zu vermeiden, wird die Null als ein durchgestrichener Buchstabe O geschrieben ①.

5.6. AUFLOESEN VON ARITHMETISCHEN AUSDRUECKEN

Betrachten wir zuerst ein Beispiel ②. Bei der Programmierung sind die Prioritäten der Operationen vom Standpunkt des Auflösens von arithmetischen Ausdrücken strengstens zu beachten:
Die Multiplikation und die Division werden immer vor der Addition und Subtraktion ausgeführt ②. Stehen zwei oder mehrere Multiplikationen bzw. Divisionen nebeneinander, wird der arithmetische Ausdruck von links nach rechts aufgelöst ③. Dies gilt ebenso für die Additionen bzw. Subtraktionen.

5.7. KLAMMERN

Die Regeln zum Auflösen von arithmetischen Ausdrücken (Abschnitt 1.6.) kann man durch Setzen von Klammern übergehen. So ergibt z.B. bei den gleichen Werten wie in ③:

```
A / (B * C)
4 / (3 * 2)
     \___/
       6
\______/
  0,66...
```

Den Klammern gehört also die höchste Priorität. Beachten Sie bitte, dass die linke Klammer unmittelbar (ohne Leerstelle) vor dem ersten Operanden und die rechte Klammer unmittelbar nach dem letzten Operanden steht.

ZUSATZINFORMATION

Die Variablen-Namen stehen sowohl in der Algebra wie auch bei der Programmierung für verschiedene reale Werte. So kann man z.B. mit Hilfe der Formel F = a·b die Fläche jedes Rechtecks berechnen, wenn man die Längenmasse der Seiten anstatt der allgemeinen Bezeichnungen a und b in die Formal einsetzt. Etwas ähnliches haben wir in ② und ③ gemacht.

NOTIZEN

← Seite 91

① Verschachtelte Klammern

(A + B * (C + D)) / E ergibt für A=1, B=2, C=3, D=4, E=5 den Wert 3 :

(1 + 2 * (3 + 4)) / 5

7

14

15

3

③ Ueberfluessige Klammern sind erlaubt

(Beispiel)

(A * B) / C

② Unabhaengige Klammern

(A + B) / (C + D) ergibt für A=1, B=2, C=4, D=8 den Wert 0,25 :

(1 + 2) / (4 + 8)

3   12

0,25

④ Minus-Vorzeichen

(Beispiele)

⑦ Dezimalpunkt

(Beispiele)

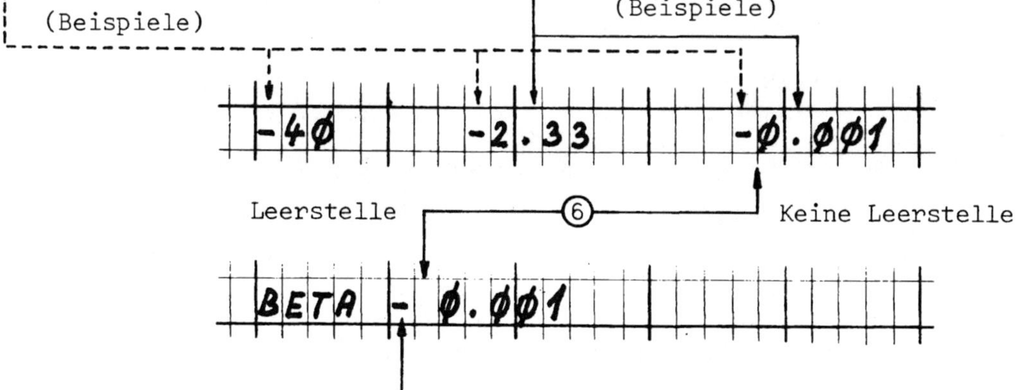

⑤ Operationszeichen fuer Subtraktion

FRAGE	ANTWORT	IHRE LOESUNG
1. Der folgende arithmetische Ausdruck (BETR - RAB) * ST hat bei BETR = 1000, RAB = 50 und ST = 0.02 den Wert	A. 999 B. 19	○
2. Was ist hier falsch: WERT * -2.5	A. Keine Leerstelle nach dem Minuszeichen B. Das Minus-Vorzeichen muss von einem Operationszeichen durch eine Klammer abgetrennt werden	○

5.8. MEHRERE KLAMMERNPAARE

Manchmal ist es notwendig, mehrere verschachtelte Klammern in einem arithmetischen Ausdruck zu verwenden. Dann hat die innerste Klammer die höchste Priorität ①.

Die Auflösung von mehreren unabhängigen Klammern kann in beliebiger Reihenfolge erfolgen ②.

Es ist erlaubt, überflüssige Klammern zu setzen, wenn dadurch die Lesbarkeit des arithmetischen Ausdrucks erhöht werden kann ③.

5.9. VORZEICHEN UND DEZIMALPUNKT

Das Plus-Vorzeichen darf in der Programmierung weggelassen werden. Das Minus-Vorzeichen steht unmittelbar vor der betreffenden Zahl ④. Unterscheiden Sie genau das Minus-Vorzeichen vom Operationszeichen für die Subtraktion. Das Minus-Vorzeichen gibt an, dass eine konkrete Zahl (eine Konstante) einen negativen Wert aufweist ③. Das Operationszeichen für die Subtraktion gibt an, dass ein Operand subtrahiert werden muss ⑤. Beachten Sie bitte in beiden Fällen das Vorhandensein und Nichtvorhandensein der Leerstelle nach dem Minuszeichen ⑤.

Die Programmierung verlangt immer einen Dezimalpunkt anstelle eines Dezimalkommas. Das ist eine fest, allgemein gültige Regel, die wir respektieren müssen ⑦.

Nachdem Sie die linksstehenden Fragen beantwortet haben, üben Sie bitte recht fleissig auf der nächsten Seite. Viel Spass dabei!

ZUSATZINFORMATION

Fehlt das Vorzeichen vor einer Zahl, wird diese Zahl vom Computer als positiv verstanden. Ob wir also

4.Ø oder +4.Ø

schreiben, es bedeutet für den Computer immer das Gleiche: Den positiven Wert vier.

NOTIZEN

AUFGABEN

1. Berechnen Sie die Werte der folgenden arithmetischen Ausdrücke, wenn
   A = 1
   B = 2
   C = 3
   D = 4
   E = 5

a) `A + B - C * D + E`

b) `A + (B - C) * D + E`

c) `A * B / D`

d) `- A + B / E`

e) `A * (B - (C - D) * (D - E))`

f) `A / B / E`

g) `A / (B * E)`

2. Schreiben Sie alle Fehler auf, die Sie in den folgenden arithmetischen Ausdrücken entdecken:

a) `SUMME MAL PROZENT`

b) `A + B /-2.0`

c) `ABSCHLAG * LIMITE`

d) `A + W * ((C + D) / E - B * (W + 1)`

e) Die algebraische Formel f = mn(e - g) müsste man in einem Programm folgendermassen schreiben:

`F = MN * (E - G)`

f) `ANTR - (Ø,5 * KART)`

g) `F01 + UNB / 2`

3. Schreiben Sie die folgenden arithmetischen Ausdrücke in der Programm-Schreibweise:

a) ab(e - f)

b) $\frac{a+b}{c+d}$

c) $\frac{mn}{x(y+z)}$

d) 0,1k:(a+b)

e) (a+1)/(b+cd)

f) $((a-b)(d-c) + \frac{e-f}{g-h})i$

6. Formeln

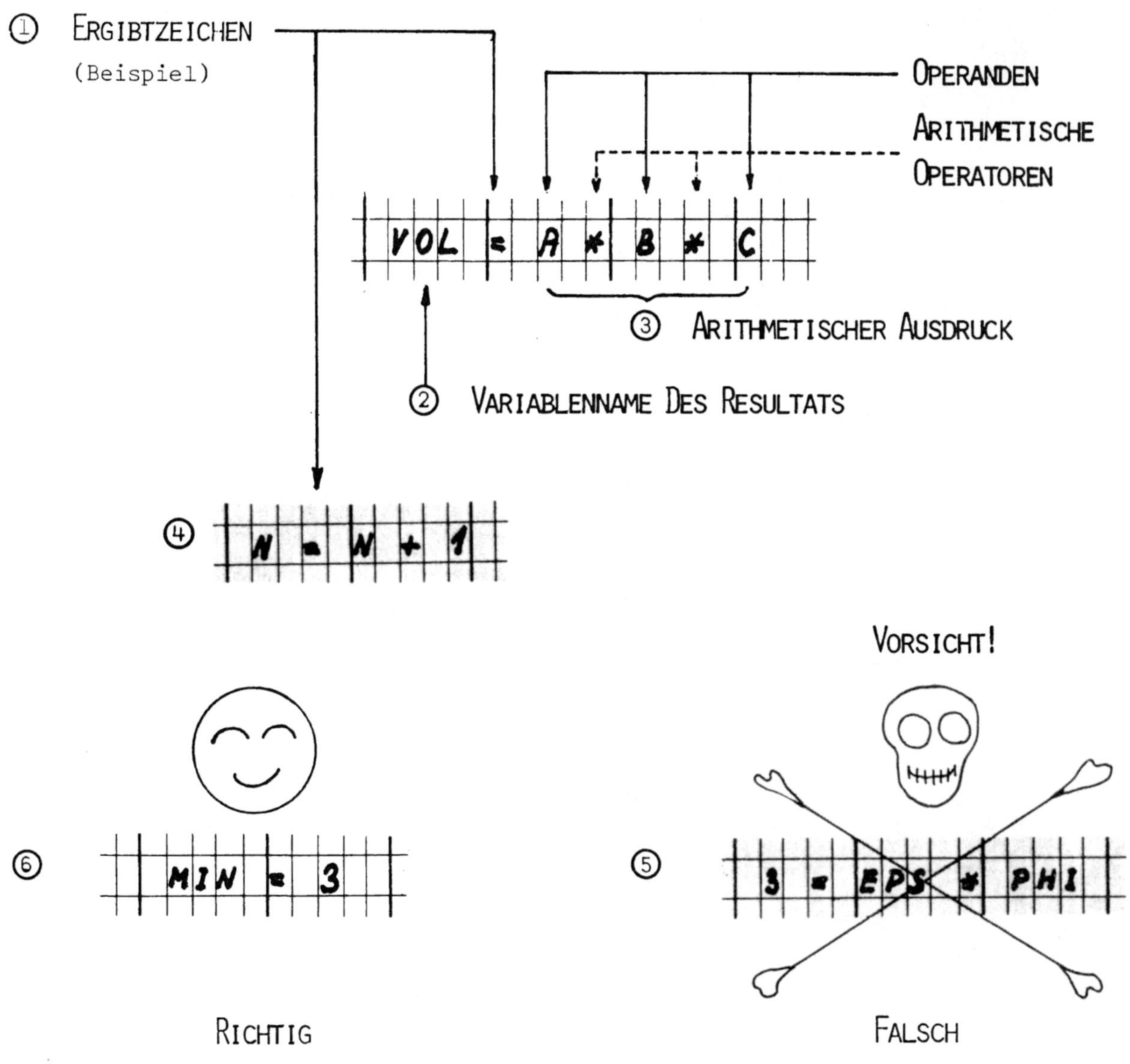

FRAGE	ANTWORT	IHRE LOESUNG
1. Welchen Wert enthält der Variablenname SUMME nach Ausführung der Ergibtoperation SUMME = SUMME + BETRAG, wenn vor dieser Operation in SUMME die Zahl 150.00 und in BETRAG 31.50 steht ?	A. 181.50 B. 31.50 C. 150.00	○
2. U = 17 und W = -8. Nach Ausführung der Ergibtoperation U = W steht ?	A. 17 in U und -8 in W B. -8 in U und nichts in W C. -8 sowohl in U wie auch in W D. 17 sowohl in U wie auch in W	○

6.1. ERGIBTZEICHEN

Bei der Programmierung hat unser gewöhnliches Gleichheitszeichen einen anderen Sinn ①. Es deutet an, unter welchem Variablennamen ② der Wert des arithmetischen Ausdruckes ③ gespeichert (weitergeführt) wird. Man sagt auch: Das Resultat der arithmetischen Operationen auf der rechten Seite ③ ergibt den neuen Inhalt der Variablen auf der linken Seite ② des Ergibtzeichens ①.

Sehr oft sprechen wir jedoch (unrichtig) von z.B.: VOL gleich A mal B mal C. Dass es unrichtig ist, sehen wir aus dem nächsten Beispiel ④. Es kann kein Wert für N gefunden werden, mit dem die Gleichung ④ zu erfüllen ist. Wir haben es hier nicht mit einer Gleichung, sondern mit einer Ergibtoperation zu tun: Der alte Wert von N, erhöht um Eins, ergibt den neuen Wert von N. Nach Ausführung dieser Operation ist der alte Wert von N verschwunden und der Variablenname N enthält den neuen Wert.

Nun ist es klar, dass auf der linken Seite des Ergibtzeichens ① immer nur ein einziger Variablenname ② stehen darf - und nichts anderes als dieser Variablenname. So ist z.B. ⑤ ein Unsinn, weil 3 immer 3 ist. Das ist eine Konstante, die keine verschiedenen Werte annehmen kann. Hingegen ist ⑥ richtig. Durch diese Ergibtoperation erhält der Varibalenname MIN den Wert 3.

In ③, ④ und ⑥ sehen Sie verschiedene arithmetische Ausdrücke, die sukzessive einfacher werden. In ⑥ wird sogar überhaupt nicht gerechnet, sondern nur übertragen: Der Wert 3 wird in den Variablennamen hineingelegt.

ZUSATZINFORMATION

Das Gleichheitszeichen behält in den Programmiersprachen seine Bedeutung als Vergleichsoperator. Darüber werden wir jedoch erst später sprechen.

NOTIZEN

① LINEARE FUNKTION

```
UMSATZ = ANFW + ZUW * J
```

② TABELLE FUER ANFW = 50 UND ZUW = 2

J	UMSATZ
0	50
1	52
2	54
3	56
4	58
5	60
6	62
7	64
8	66
9	68
10	70

③ GRAPHISCHE DARSTELLUNG

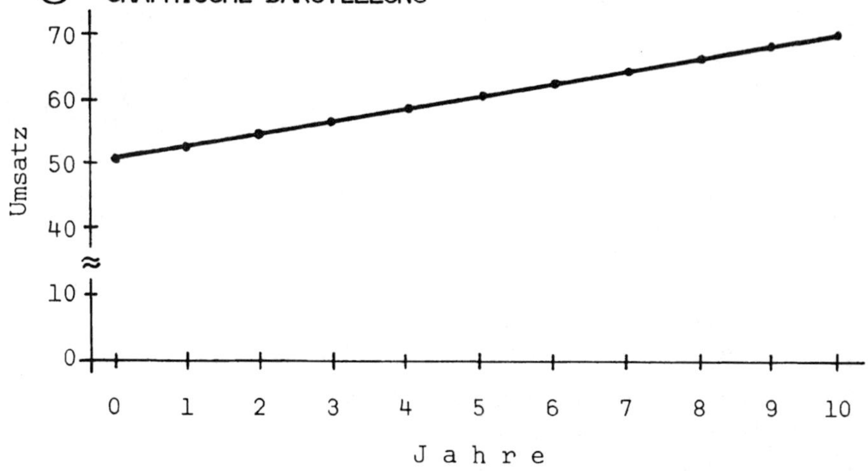

④ EINE NICHTLINEARE FUNKTION

```
KOST = 10000 / (LOS + 100)
```

⑤ TABELLE UND DIAGRAMM

LOS	KOST
100	50,0
200	33,3
300	25,0
400	20,0
500	16,7
600	14,3
700	12,5
800	11,1
900	10,0
1000	9,1

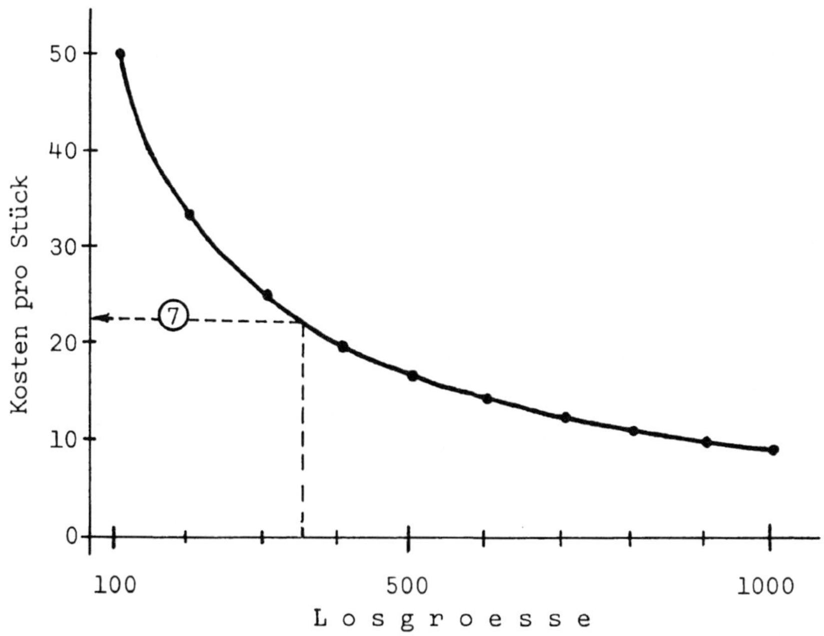

⑥

350	22,2

6.2. EINFACHE FUNKTIONEN

Die meisten gebräuchlichen Funktionen können wir mit mehr oder weniger Zeitaufwand für die notwendigen Berechnungen gut graphisch darstellen. Nehmen wir z.B. an, dass sich der Umsatz mit der Zeit linear entwickelt. Diese Voraussetzung ist zwar etwas unrealistisch, aber für ein einleitendes Beispiel günstig.

Bezeichnen wir den Umsatz mit UMSATZ, die Zeit in Jahren mit J, den Anfangswert des Umsatzes im Jahre J = 0 mit ANFW und den durchschnittlichen jährlichen Umsatzzuwachs mit ZUW ①.

Nehmen wir nun an, dass ANFW = 50 (z.B. in Mio.Franken) und ZUW = 2 (wieder in Mio.) ist. Wenn wir jetzt schrittweise J = 0, J = 1, J = 2, usw. bis z.B. J = 10 in unsere Formel ① einsetzen, bekommen wir eine Tabelle ②, die wir auch graphisch darstellen können ③.

Das nächste Beispiel betrifft die Herstellungskosten pro Stück (KOST), die mit steigender Losgrösse (LOS) laut Funktion ④ sinken ⑤. Die Konstanten 100 und 10'000 wurden schon vorher anhand von statistischen Angaben ermittelt.

Nehmen wir nun an, dass die Losgrösse von 100 bis und mit 1000 variiert. Wie hoch sind die Herstellungskosten für eine Losgrösse von z.B. 350 Stück?

Die Antwort bekommen wir entweder durch Ausrechnung der Formel ④ für LOS = 350 ⑥ oder durch Ablesen vom Diagramm ⑦, was jedoch oft nicht die gewünschte Genauigkeit liefert.

ZUSATZINFORMATION

Die graphische Darstellung einer Funktion dient vor allem dem groben Ueberblick des Ablaufes der gesuchten Werte (z.B. UMSATZ oder KOST) für verschiedene Eingabewerte (z.B. J oder LOS). Der Mathematiker sagt: Den Verlauf der Funktionen feststellen. Genaue Werte gewinnen wir meistens nur durch Auswertung der gegebenen Funktionen, indem wir die Eingabewerte einsetzen und den Wert des arithmetischen Ausdrucks berechnen.

NOTIZEN

← Seiten 89, 91, 99

PROGRAMMSCHLEIFE (COBOL)

```
   PAR1.
       OPEN OUTPUT AUSGABE.
③      COMPUTE LOS = 1ØØ.
②      PERFORM PAR2 1Ø TIMES.
   PAR2.
①  {   COMPUTE KOST = 1ØØØØ / (LOS + 1ØØ).
       WRITE ZEILE.
       COMPUTE LOS = LOS + 1ØØ.
   PAR3.
       CLOSE AUSGABE.
       STOP RUN.
```

Anmerkungen:

- In der COBOL-Sprache wird jede Ergibtoperation mit dem englischen Zeitwort COMPUTE eingeleitet.
- Das COBOL-Programm wird in Paragraphen eingeteilt. In der Programmzeile ② wird dem Computer befohlen, den Paragraphen PAR2 zehnmal auszuführen.
- In COBOL muss jede Anweisung mit einem Punkt abgeschlossen werden. In FORTRAN ist es nicht der Fall.
- Das obige COBOL-Programm wurde zur Vereinfachung nicht komplett geschrieben.

④ $s = \sum_{i=1}^{50} a_i$ oder $s = a_1 + a_2 + \ldots + a_{49} + a_{50}$

WIE WIRD DAS AUFSUMMIEREN PROGRAMMIERT (FORTRAN)

```
      S = Ø                 <- Speicherplatz für Summe auf Null setzen
      DO 1 I = 1, 5Ø        <- Schleife definieren
⑤  {  READ A                <- Wert A lesen
    1 S = S + A             <- {A zu bisherigem Inhalt des Speicherplatzes
                               {S addieren und zurück zum Lesen
      WRITE S               <- Summe drucken
      END
```

Anmerkung: Die READ- und WRITE-Anweisungen wurden in vereinfachter Form geschrieben, d.h. im effektiven Programm sind diese Anweisungen ausführlicher zu schreiben.

6.3. PROGRAMMSCHLEIFE

Beim Erstellen von Tabellen, wie wir sie auf Seite 14 gesehen haben, wird Zeile um Zeile berechnet und gedruckt. Die gleichen Operationen wiederholen sich also mehrmals. Wir müssen aber die Ausführung von solchen Operationen nur einmal programmieren ① und den Computer zur Wiederholung dieser Gruppe von Operationen veranlassen ②. So entsteht eine Programmschleife. Der Anfangswert wird der Variablen LOS durch eine Ergibtanweisung zugewiesen ③ .

6.4. AUFSUMMIEREN

Die Formel für Bildung einer Summe ④ ist für den Computer ganz unverständlich. Wir müssen diese Aufgabe im Programm durch eine Schleife lösen ⑤.

Anhand unseres Programms reserviert der Computer in seinem Arbeitsspeicher drei Speicherplätze mit symbolischen Namen S, I und A.

Die erste Programmanweisung bringt Null in den Speicherplatz S.

Die zweite Anweisung baut einen Zähler (I) auf, der die Anzahl der Durchläufe durch die Schleife ⑤ zählen wird. Er wird am Anfang auf 1 gesetzt. Die obere Grenze wurde durch 50 festgelegt.

Die dritte und vierte Anweisung bilden die Schleife. Dort werden die Werte A gelesen und zum jeweiligen Inhalt des Speicherplatzes S addiert. So enthält z.B. dieser Speicherplatz nach dem zwanzigsten Durchlauf die Summe der ersten zwanzig Werte von A.

Nachdem der Zähler I die obere Grenze erreicht hat, geht die Ausführung zur nächsten (fünften) Anweisung: Der Inhalt des Speicherplatzes S (die Summe) wird gedruckt.

NOTIZEN

← Seiten 99 und 100

N-Fakultaet

1 x 2 x 3 x ... x (N - 1) x N = N!

Summe einer Reihe (FORTRAN-Programm)

```
⑤    READ X
     SINX = Ø
     I = 1
     GLIED = X
① 1  GLIED = (- GLIED) * X * X / (4 * I * (I + Ø.5))
②    SINX = SINX + GLIED
③    IF (GLIED .LE. Ø.ØØØØØ5) GO TO 2
     I = I + 1
     GO TO 1
④ 2  WRITE SINX
     END
```

Anmerkungen:
- Die READ- und WRITE-Anweisungen wurden hier vereinfacht.
- Das Symbol .LE. (englisch less than or equal) steht für "kleiner als oder gleich".

Das gleiche Problem anders programmiert

```
     READ GLIED
     SINX = Ø
     J = 2
  1  GLIED = (- GLIED) * X ** 2 / (J * (J + 1))
     SINX = SINX + GLIED
     IF (GLIED .LE. Ø.ØØØØØ5) GO TO 2
     J = J + 2
     GO TO 1
  2  WRITE SINX
     END
```

Anmerkungen:
- Anstatt in X zu lesen und später durch GLIED = X des ersten Gliedes der Reihe festzulegen, haben wir direkt in GLIED gelesen.
- Anstatt 2i(2i+1) zu benützen und immer um Eins das i zu erhöhen, haben wir j(j+1) benützt mit Inkrement 2.
- X^2 kann man als X ** 2 schreiben, wobei das Doppelsternchen das Symbol für Potenzieren ist. Das Potenzieren hat die höchste Priorität.

6.5. SUMME EINER REIHE *

In technisch-wissenschaftlichen Berechnungen müssen oft Summen von Zahlenreihen gebildet werden.

Nehmen wir an, wir sollen die Summe der folgenden unendlichen Reihe auf 5 Dezimalstellen genau berechnen:

$$\sin x = x - \frac{x^3}{3!} + \frac{x^5}{5!} - \frac{x^7}{7!} + \ldots$$

Ein allgemeines Glied dieser Reihe ist

$$(-1)^{i+1} \cdot \frac{x^{2i-1}}{(2i-1)!}$$, wenn i die Ordnungsnummer des Gliedes in der Reihe

ist. Ueberprüfen Sie es bitte durch schrittweises Einsetzen von i=1, i=2, i=3, i=4.

Das Quotient des (i+1)en und des i-ten Gliedes ist

$$\frac{\dfrac{(-1)^{i+2}x^{2i+1}}{(2i+1)!}}{\dfrac{(-1)^{i-1}x^{2i-1}}{(2i-1)!}} = \frac{(-1)\,x^2}{2i(2i+1)} = -\frac{x^2}{4i(i+0.5)}$$

Wenn wir das i-te Glied mit dem Namen GLIED versehen, können wir das (i+1)te Glied bequem ermitteln ①. Dieses neue Glied ist dann zu der bisherigen Teilsumme zuzuaddieren ②.

Die entsprechende Schleife wird so lange durchlaufen, bis das neu berechnete Glied gleich oder kleiner als 0.000005 ist ③. In diesem Moment kann die Berechnung abgebrochen werden, da die gewünschte Genauigkeit erreicht wurde. Die Summe wird unter dem Variablennamen SINX gedruckt ④. Es dürfte klar sein, dass in den Variablennamen X noch vor Betreten der Schleife der Wert (im Bogenmass) eingelesen werden muss, zu dem wir den Sinuswert suchen.

ZUSATZINFORMATION

* Dieses Kapitel kann für die kommerzielle Studienrichtung weggelassen werden.

NOTIZEN

← Seite 103

① RUNDEN

Nehmen wir an, dass in einem COBOL-Programm für die Variable BETRAG ein Speicherplatz mit 2 Dezimalstellen reserviert wurde, für PREIS mit 2 Dezimalstellen und für MENGE mit einer Dezimalstelle.

Die Programmanweisung ①

```
COMPUTE BETRAG ROUNDED = PREIS * MENGE.
```

bewirkt, dass bei PREIS = 1.55 und MENGE = 0.1 auf dem Speicherplatz BETRAG die aufgerundete Zahl 0.16 abgelegt wird.

Die Programmanweisung ② KEIN RUNDEN

```
COMPUTE BETRAG = PREIS * MENGE.
```

hat zur Folge, dass im BETRAG die Zahl 0.15 erscheint.

③

```
COMPUTE RES1 ROUNDED = ZAHL / 2.
COMPUTE RES2 = ZAHL / 2.
IF RES1 = RES2 GO TO GERADE.
```

Beispiel:

3 / 2 = 2
3 / 2 = 1
2 ≠ 1

④ Beim Runden auf 1 Dezimalstelle ergibt für A = 2, B = 3, C = 1000

(A / B) * C 700.0
(A * C) / B 666.7
Fehler 33.3

WENN SINNVOLL,
IMMER ZUERST MULTIPLIZIEREN UND
ERST DANN DIVIDIEREN !

⑤ Nehmen wir an, die Koeffizienten der zwei untenstehenden Gleichungssysteme sind durch frühere Berechnungen entstanden, wobei auf 1 Dezimalstelle gerundet wurde:

!!!

$$\left.\begin{aligned}1.3x + 1.2y &= 3.7\\ 0.8x + 0.7y &= 2.2\end{aligned}\right\} \begin{aligned}x &= 1.0\\ y &= 2.0\end{aligned} \qquad \left.\begin{aligned}1.3x + 1.2y &= 3.7\\ 0.8x + 0.6y &= 2.2\end{aligned}\right\} \begin{aligned}x &= 2.1\\ y &= 0.8\end{aligned}$$

durch Runden aus 0.65 entstanden — durch Runden aus 0.64 entstanden

0.01 Differenz in einem Koeffizienten

⑥

12.35... 4 GUELTIGE ZIFFERN 0.0001234... 4 GUELTIGE ZIFFERN

6.6. GENAUIGKEIT DER RECHENERGEBNISSE

Bei der Programmierung ist es nur selten notwendig, das Runden detailliert zu programmieren. In den meisten Fällen rundet der Computer automatisch ab oder auf ①.

Es ist auch möglich, die überflüssigen Stellen bloss abzuschneiden ②, ohne zu runden. Dies kann man z.B. zur Feststellung ausnützen, ob eine bestimmte ganze Zahl ungerade oder gerade ist ③.

Die Genauigkeit der Rechenergebnisse kann auch durch Gestaltung der Formeln beeinflusst werden ④. Besonders bei umfangreichen Berechnungen können erhebliche Fehler entstehen ⑤.

Es ist immer darauf zu achten, mit wievielen gültigen Ziffern ⑥ der Computer arbeiten kann.

Die Probleme der Genauigkeit sind nicht nur für die elektronische Datenverarbeitung spezifisch. Sie entstehen bei jeder Rechentechnik. Die besondere Gefahr bei den Computern liegt darin, dass die Nichteingeweihten glauben, der Computer verfüge automatisch über die gewünschte Genauigkeit. Das Gegenteil ist wahr: Der Programmierer muss sein Problem so weit analysieren - und "seinen" Computer und "seine" Programmiersprache so gut beherrschen, dass er alle guten Eigenschaften dieser modernen Rechenwerkzeuge zu Gunsten der Genauigkeit seiner Berechnungen auszunützen vermag.

Eines steht jedoch fest: Bei nicht allzu anspruchsvollen Problemen besorgt die Automatik für den Programmierer fast alle Genauigkeitsprobleme.

ZUSATZINFORMATION

Der Computer arbeitet sehr schnell. Deswegen kann er sehr umfangreiche Berechnungen durchführen, welche beim manuellen Rechnen aus Zeitgründen nicht zu bewältigen wären. Bei solchen Aufgaben ist es für den Programmierer oft äusserst schwierig, die Auswirkungen einer langen Kette von arithmetischen Operationen (inklusive Rundungen) auf die Genauigkeit der Resultate einzuschätzen.

NOTIZEN

(1) ZYKLOIDE

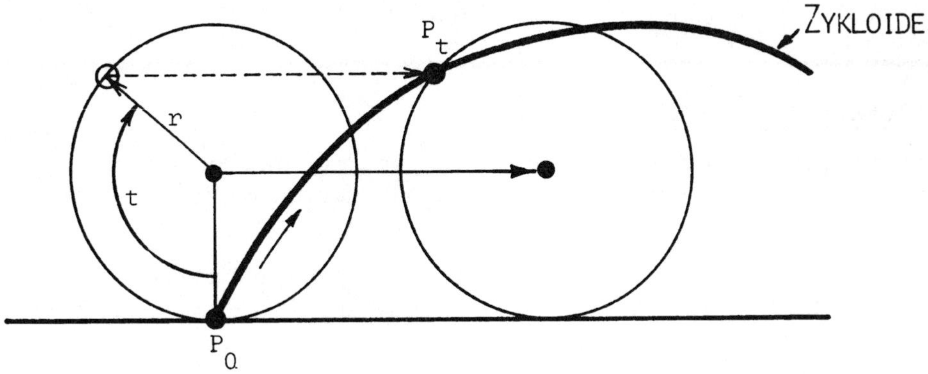

(2) ERGIBTANWEISUNG (FORTRAN)

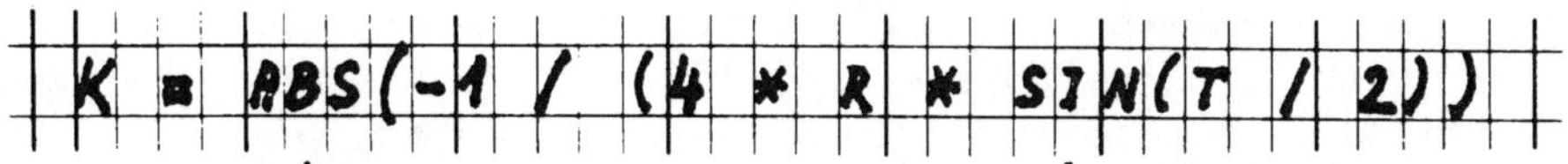

```
K = ABS(-1 / (4 * R * SIN(T / 2)))
```

(3) ABSOLUTER WERT

(4) EINGEBAUTE FUNKTION

(5) WURZELZIEHEN

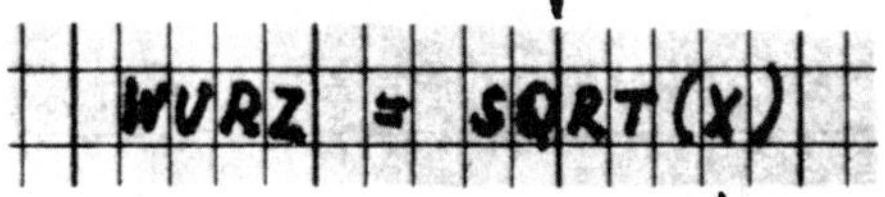

```
WURZ = SQRT(X)
```

(SQUARE ROOT)

(6) ARGUMENT

FRAGE	ANTWORT	IHRE LOESUNG
1. Welches Resultat liefert der arithmetische Ausdruck SQRT(X) * Ø.5 für X = -4 ?	A. -2 B. -1 C. +1 D. +2 E. Keines	○
2. Welches Resultat liefert der arithmetische Ausdruck SQRT(ABS(X)) * Ø.5 für X = -4 ?	A. -2 B. -1 C. +1 D. +2 E. Keines	○

6.7. KOMPLIZIERTERE FUNKTIONEN *

Die Krümmung einer Zykloide (1) ist durch die Formel

$$K = \left| - \frac{1}{4r \sin (t/2)} \right|$$

gegeben, wobei r der Radius des Kreises und t der Wälzungswinkel im Bogenmass ist.

Wir werden nun die entsprechende Ergibtanweisung (2) analysieren.

Der Wert der Krümmung ist immer positiv. Deshalb steht der absolute Wert auf der rechten Seite. Seine Programmierung ist sehr einfach (3). Die Berechnung eines Sinuswertes erfolgt durch die Summe einer Reihe. Das haben wir im Abschnitt 2.5. kennengelernt. Die Programmierung bietet uns jedoch die Möglichkeit, eine vom Hersteller des Computers vorprogrammierte und in der Ausrüstung des Computers enthaltene Funktion einfach aufzurufen (4). Auf diese Weise wird das Umschreiben der mathematischen Formeln bedeutend erleichtert.

Das Verzeichnis der eingebauten Funktionen ist nicht bei allen Computern gleich. Man muss sich immer im voraus orientieren lassen.

Beim Benützen der eingebauten Funktionen ist auf die jeweiligen Einschränkungen zu achten. So darf z.B. die eingebaute Funktion für Wurzelziehen (5) mit keinen negativen Werten des Argumentes (6) aufgerufen werden.

ZUSATZINFORMATION

* Dieses Kapitel darf bei kommerzieller Studienrichtung weggelassen werden. Das Durchlesen ist jedoch empfehlenswert.

NOTIZEN

← Seite 101

① POTENZIEREN (Berechnung des Endkapitals nach n Jahren in COBOL)

```
COMPUTE KEND ROUNDED = KANF * (1 + P) ** N.
```

Beispiel :

100 * (1 + 0.06) ** 3

1.06

1.191016

119.1016

Endkapital = 119.10

② WURZELZIEHEN

$$\sqrt[3]{a} = a^{\frac{1}{3}}$$

```
W = A ** (1 / 3)
```

③ VERGLEICHSOPERATOREN

(Beispiele)

Algebra	COBOL	FORTRAN	Deutsch
=	EQUAL TO	.EQ.	gleich
>	GREATER THAN	.GT.	grösser als
<	LESS THAN	.LT.	kleiner als
≠	NOT EQUAL TO	.NE.	nicht gleich
≥	NOT LESS	.GE.	nicht kleiner als
≤	NOT GREATER	.LE.	nicht grösser als

④ LOGISCHE OPERATOREN

(Beispiele)

Logik	COBOL	FORTRAN
negation	NOT	.NOT.
und	AND	.AND.
oder	OR	.OR.

Anmerkung: NOT LESS bedeutet so viel wie GREATER OR EQUAL TO (≥).
NOT GREATER und LESS OR EQUAL TO (≤) bedeutet auch das gleiche.
Beispiel: "Ein gewährter Kredit darf nicht grösser als die festgelegte Kreditlimite sein" ist gleichbedeutend mit "Ein gewährter Kredit muss kleiner als die festgelegte Kteditlimite oder höchstens gleich dieser Limite sein."

⑤ LOGISCHER AUSDRUCK (Beispiel - COBOL)

```
MENGE GREATER LIM OR EQUAL TO LIM
```

③ ④ ③

⑥ LOGISCHER AUSDRUCK ALS BEDINGUNG (COBOL)

```
IF MENGE GREATER LIM OR EQUAL TO LIM WRITE MELD.
COMPUTE BETRAG ROUNDED = MENGE * PREIS.
```

⑧

6.8. POTENZIEREN

Das Potenzieren hat von den arithmetischen Operationen die höchste Priorität. Es wird also immer vor den vier Grundrechenarten durchgeführt. Sein Symbol ist ein Doppelsternchen ①.

Für das Wurzelziehen haben wir in den Programmiersprachen kein eigenes Symbol. Man geht davon aus, dass das Wurzelziehen als Potenzieren mit gebrochenem Exponenten dargestellt werden kann ②.

Im allgemeinen ist es nicht möglich, eine negative Zahl mit einem gebrochenen Exponenten zu potenzieren.

6.9. VERGLEICHSOPERATOREN UND LOGISCHE OPERATOREN

Wir haben schon Vergleichsoperatoren benutzt (siehe Seite 18 ③ und Seite 20 in ③). Ihre Schreibweise ist in verschiedenen Programmiersprachen nicht gleich ③.

Logische Operatoren ④ und Vergleichsoperatoren werden zum Aufbau von logischen Ausdrücken benützt ⑤.

Ein logischer Ausdruck kann nur einen der zwei einzig möglichen Werte aufweisen: Entweder ist er wahr (TRUE) oder er ist falsch (FALSE). Deswegen werden die logischen Ausdrücke als Bedingungen verwendet. Ist die Bedingung erfüllt (ist der logische Ausdruck wahr), wird die anschliessende Anweisung ausgeführt, andernfalls wird sie übersprungen ⑥.

Im Arbeitsspeicher des Computers ist auf einem Speicherplatz mit symbolischer Adresse MELD ⑦ ein Text abgespeichert, der über das Erreichen oder Ueberschreiten der oberen Toleranzgrenze informiert. Diese Meldung wird nur dann gedruckt (WRITE), wenn MENGE grösser als oder gleich der LIMite ist. Der BETRAG ⑧ wird in jedem Fall berechnet.

NOTIZEN

← Seiten 104 und 106

① LOGISCHER AUSDRUCK MIT VERGLEICHSOPERATOR (Beispiele - FORTRAN)

```
A + B .EQ. 2          M .GE. N
```

② LOGISCHER AUSDRUCK MIT LOGISCHEN OPERATOREN (Beispiel - FORTRAN)

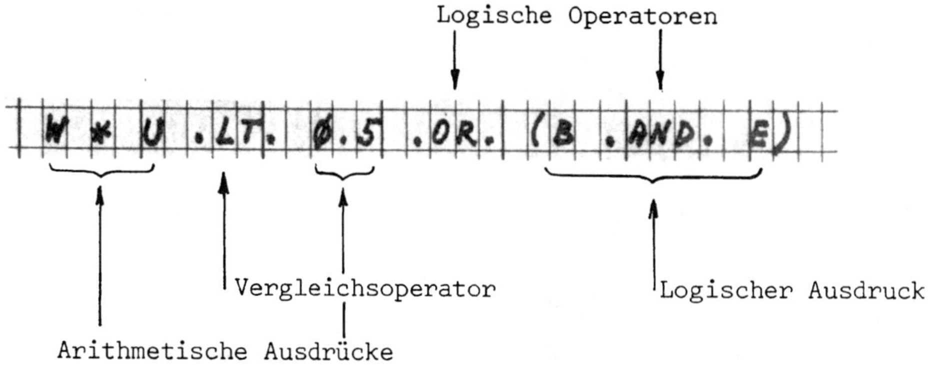

③ TABELLEN DER WAHRHEITSWERTE (IN COBOL-SCHREIBWEISE)

AND	A ist wahr	A ist falsch
B ist wahr	A AND B ist wahr	A AND B ist falsch
B ist falsch	A AND B ist falsch	A AND B ist falsch

OR	A = wahr	A = falsch
B ist wahr	A OR B ist wahr	A OR B ist wahr
B ist falsch	A OR B ist wahr	A OR B ist falsch

④ TABELLE DER PRIORITAETEN

Priorität	Operation
1.(höchste)	Klammern
2.	**
3.	* und /
4.	+ und -
5.	Vergleichs-operatoren
6.	NOT
7.	AND
8.(niedrigste)	OR

NOT	
B ist wahr	NOT B ist falsch
B ist falsch	NOT B ist wahr

⑤ AUSWERTUNG EINES LOGISCHEN AUSDRUCKES

```
⑨ K = Ø
⑥ B = TEMP .GE. 27.5
⑦ E = VOL .LT. TOLER
⑧ IF (W * U .LT. Ø.5 .OR. (B .AND. E)) K = 1
   N = N + 1
```

Durch die Vergleichsoperatoren werden zwei arithmetische Ausdrücke zu einem logischen Ausdruck verbunden. Ein oder beide Ausdrücke können dabei bloss durch einen Variablennamen oder eine Konstante gebildet werden (1).

Durch die logischen Operatoren werden zwei oder mehrere arithmetische oder logische Ausdrücke zu einem logischen Ausdruck verbunden (2).

Die Verbindung zweier Ausdrücke durch einen logischen Operator hat entweder den Wahrheitswert wahr oder den Wahrheitswert falsch. Dies hängt von den jeweiligen Wahrheitswerten der beiden Ausdrücke und von der Art des logischen Operators ab (3).

Nachdem wir die Vergleichsoperatoren und die logischen Operatoren kennengelernt haben, können wir uns die vollständige Tabelle der Prioritäten für die Evaluierung eines logischen Ausdrucks ansehen (4).

Sehen wir uns nun den logischen Ausdruck (2) in einem Programmzusammenhang (5) nochmals an.

Setzen wir voraus, dass

a)			b)	
TEMP = 31.0	(6)		TEMP = 31.0	
VOL = 2.2	(7)		VOL = 2.2	
TOLER = 2.2			TOLER = 2.2	
W = 1.0			W = 1.0	
U = 2.0			U = 0.2	

Variante a):
Die Variable B bekommt den Wahrheitswert TRUE, weil 31.0 nicht kleiner ist als 27.5 (6).
Die Variable E bekommt den Wahrheitswert FALSE, weil die Behauptung, 2.2 sei kleiner als 2.2, nicht stimmt (7).
Die Bedingung in (8) wird wie folgt aufgelöst (siehe (4)):

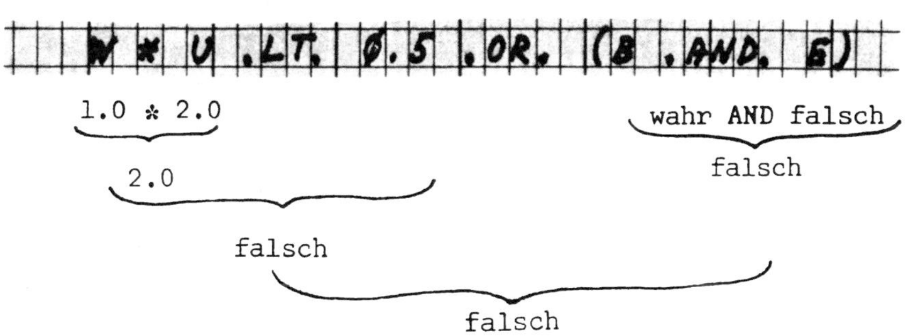

Die Bedingung ist also nicht erfüllt und folglich wird die Ergibtanweisung K = 1 übersprungen. In K bleibt die Null (9). Die Variante b) bringt eine Eins in den Speicherplatz K. Ueberzeugen Sie sich!

← Seite 111

1. Schreiben Sie die Formel

$$y = a + bx + cx^2$$

in der Programmschreibweise und zeichnen Sie die Graphik dieser Funktion für $x = -5$ bis $x = +5$ und bei $a = 5$, $b= -2$ und $c = 1$.

2. Schreiben Sie die Formel

$$z = |a - x| \cdot c^{d+e}$$

in der Programmschreibweise und zeichen Sie die Graphik dieser Funktion für $x = -3$ bis $x = +3$ und bei $a = 1$, $c = 2$, $d = 3.5$, $e = -2.5$.

3. Schreiben Sie die Ergibtanweisung für Aufsummieren der Produkte MENGE * PREIS in eine SUMME.

4. Nehmen wir an, wir haben folgende Eingabedaten:

MENGE	PREIS
100	5.00
10	20.00
500	1.00

Wie ist der Inhalt von SUMME (siehe Aufgabe 3) vor Verarbeitung des ersten Eingabedatenpaars und nach Verarbeitung des ersten, des zweiten und des dritten Eingabedatenpaars?

5. Berechnen Sie: RES = ZAHL1 / ZAHL2 für

a) ZAHL1 = 5
   ZAHL2 = 4

b) ZAHL1 = 5
   ZAHL2 = 3

c) ZAHL1 = 5
   ZAHL2 = 0.000 004

d) ZAHL1 = 5
   ZAHL2 = 0.000 003

6. Was wird nach Ausführung des folgenden FORTRAN-Programmes gedruckt?

```
Z = A + B
FAKT = A .EQ. 7.OR.B * A .LT. A
OPER = .NOT. FAKT
IF (FAKT .OR. OPER) Z = -(Z / Z)
WRITE Z
```

7. Indizierte Variablen

① GLEICHUNGSSYSTEM

$$a_{11}x_1 + a_{12}x_2 = b_1$$
$$a_{21}x_1 + a_{22}x_2 = b_2$$

Beispiel:

$$3x_1 - 5x_2 = 1$$
$$x_1 + 2x_2 = 4$$

$a_{11} = 3$
$a_{12} = -5 \quad b_1 = 1$
$a_{21} = 1 \quad b_2 = 4$
$a_{22} = 2$

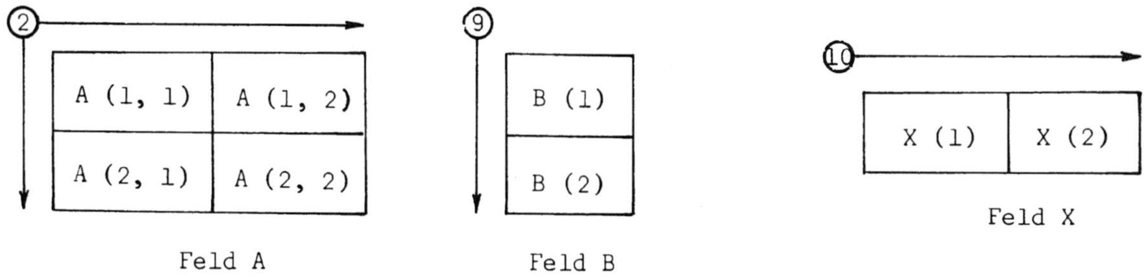

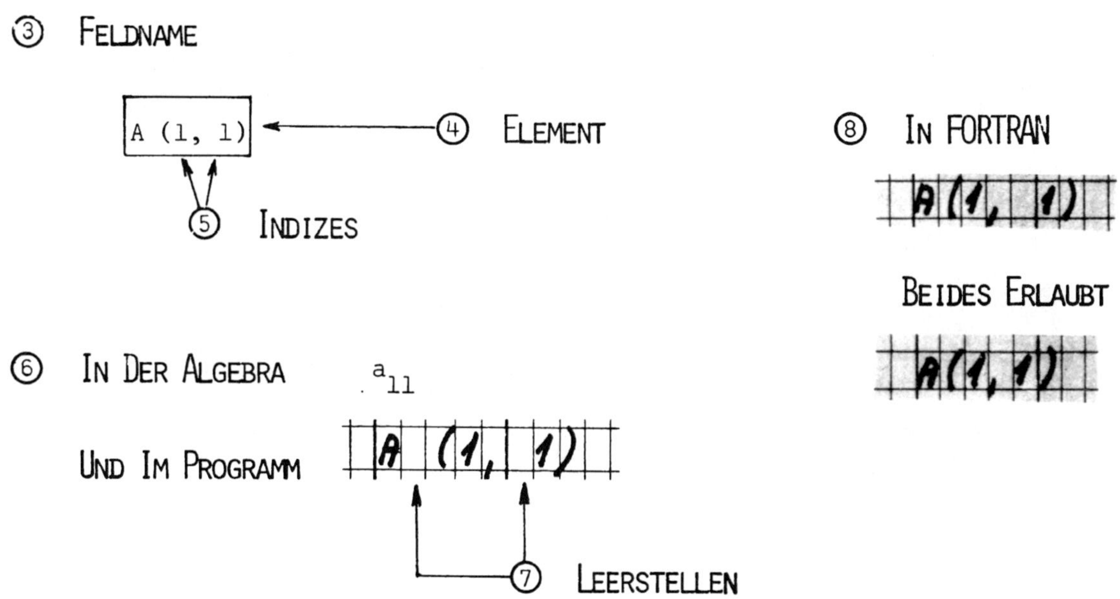

FRAGE	ANTWORT	IHRE LOESUNG
1. BEZIRK (5, 4) ist	A. Ein Feldname (ein Tabellenname) B. Ein indizierter Variablenname	○
2. BEZIRK in BEZIRK (5, 4) ist	A. Ein Feldname (ein Tabellenname) B. Ein indizierter Variablenname	○
3. CUB (2, 6, 1) gehört	A. Einer eindimensionalen Tabelle an B. Einer zweidimensionalen Tabelle an C. Einer dreidimensionalen Tabelle an	○

7.1. FELDER, TABELLEN

Das Wort "Feld" wird in der Datenverarbeitung mit verschiedenen Bedeutungen benützt. Wir werden uns mit diesem Wort im Zusammenhang mit indizierten Variabeln befassen.

Die vier Koeffizienten auf der linken Seite des Gleichungssystems (1) bilden ein zweidimensionales Feld (2) mit vier Elementen. Statt "Feld" sagt man oft auch "Tabelle".

Alle Elemente haben denselben Namen: A. Das ist zugleich der Feldname (3).

Die Elemente (4) unterscheiden sich voneinander durch Indizes (5). Beachten Sie bitte den Unterschied in der Schreibweise der Indizes (6).

Wir benützen in diesem Lehrgang eine Schreibweise, die in allen geläufigen Programmiersprachen erlaubt ist. So muss man z.B. in COBOL die Leerstellen (7) einhalten, in FORTRAN ist die Leerstelle erlaubt, aber nicht obligatorisch (8).

Die zwei Koeffizienten auf der rechten Seite des Gleichungssystems (1) bilden ein eindimensionales Feld mit zwei Elementen (9). Der Feldname ist B.

Die zwei Unbekannten des Gleichungssystems (1) bilden ein eindimensionales Feld mit zwei Elementen (10). Der Feldname ist X.

ZUSATZINFORMATION

Die Zeichnungen (2), (9) und (10) entsprechen den Positionen einzelner indizierter Variablen in unserem Gleichungssystem. Das erhöht die Anschaulichkeit dieser graphischen Darstellungen. Mit der tatsächlichen Anordnung der Elemente im Arbeitsspeicher des Computers hat es wenig zu tun. Das Notwendige darüber erfahren Sie in den Programmierlehrgängen.

NOTIZEN

① ERLAUBTE UND VERBOTENE WERTE VON INDIZES

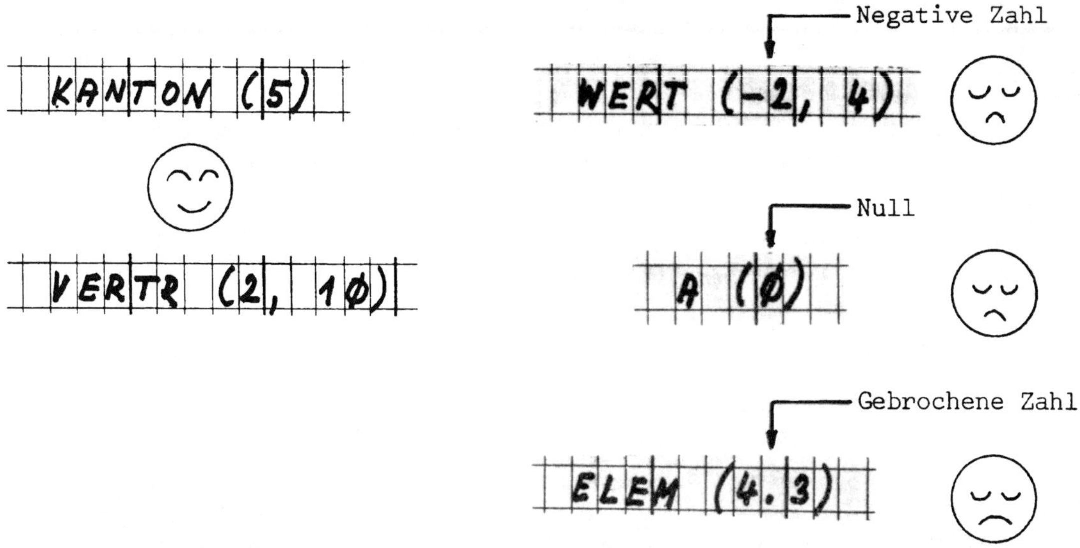

② ZWEI LOESUNGEN (FORTRAN)

```
      SCHW = AG + AI + AR + BE + BL + BS + FR + GE + GL +
     -       GR + LU + NE + NW + OW + SG + SH + SO + SZ +
     -       TG + TI + UR + VD + VS + ZG + ZH
```

```
      DO 1 I = 1, 25
    1 SCHW = SCHW + KANTON(I)
```

(③ zeigt auf „1", ④ zeigt auf „25")

Anmerkung : Die Variable SCHW muss am Anfang des Programms auf Null gesetzt werden.

FRAGE	ANTWORT	IHRE LOESUNG
1. Welche der folgenden indizierten Variablennamen sind falsch ?	A. WERK (N) B. MASCH (∅, 3) C. ZAHL.(6, 133, 4) D. NUMMER (2, -1) E. TAB (I,J,K) F. ELEMENT (7)	◯
2. Wieviele verschiedene Zahlen können unter dem Namen VAR (I, J) gleichzeitig abgespeichert werden ?	A. Nur eine Zahl B. (I * J) Zahlen C. Diese Frage kann nicht beantwortet werden.	◯

7.2. INDIZES

Die Indizes müssen in den geläufigen Programmiersprachen immer ganzzahlig und positiv sein ①.

Bei bestimmten Computern sind zwar auch Nullwerte und negative Werte für Indizes erlaubt. Das sind jedoch Ausnahmen. Gebrochene Zahlen als Indizes sind dagegen ganz allgemein verboten.

Nehmen wir nun an, dass im Arbeitsspeicher unseres Computers eine Tabelle mit den Einwohnerzahlen der einzelnen Kantone und Halbkantone gespeichert ist. Wir haben grundsätzlich zwei Möglichkeiten zur Ermittlung der Einwohnerzahl für die ganze Schweiz. Beurteilen Sie den Vorteil von indizierten Variablen selbst ②.

Bei der ersten Lösungsvariante haben wir 25 verschiedene, voneinander unabhängige Namen definiert. In der zweiten Variante genügen uns nur der Feldname KANTON und der Indexname I. Dieser Index variiert von 1 ③ bis 25 ④, wie in der Laufanweisung DO... festgelegt wurde.

ZUSATZINFORMATION

Den Index dürfen wir auch allgemein bezeichnen, wie Sie es in KANTON(I) gesehen haben. Wir müssen im Programm dafür sorgen, dass diesem allgemeinen Indexnamen immer nur ganze positive Zahlen zugewiesen werden. Das können wir in FORTRAN z.B. durch die Anweisung DO 1 I = 1, 25 veranlassen. Die Nummer zwischen DO und I gibt an, welche Anweisungsgruppe in der Schleife wiederholt werden soll. In diesem Fall ist es nur die einzige Anweisung SCHW = SCHW + KANTON(I). In ⑤ auf Seite 16 waren es 2 Anweisungen, die in einer Schleife wiederholt wurden.

NOTIZEN

← Seite 117

① Tabelle der Rabattsaetze im Arbeitsspeicher

Name	RAB (1)	RAB (2)	RAB (3)	RAB (4)	RAB (5)	RAB (6)	RAB (7)
Inhalt	0.00	0.02	0.05	0.10	0.18	0.30	0.50

② Anweisung zur Rabattberechnung (COBOL)

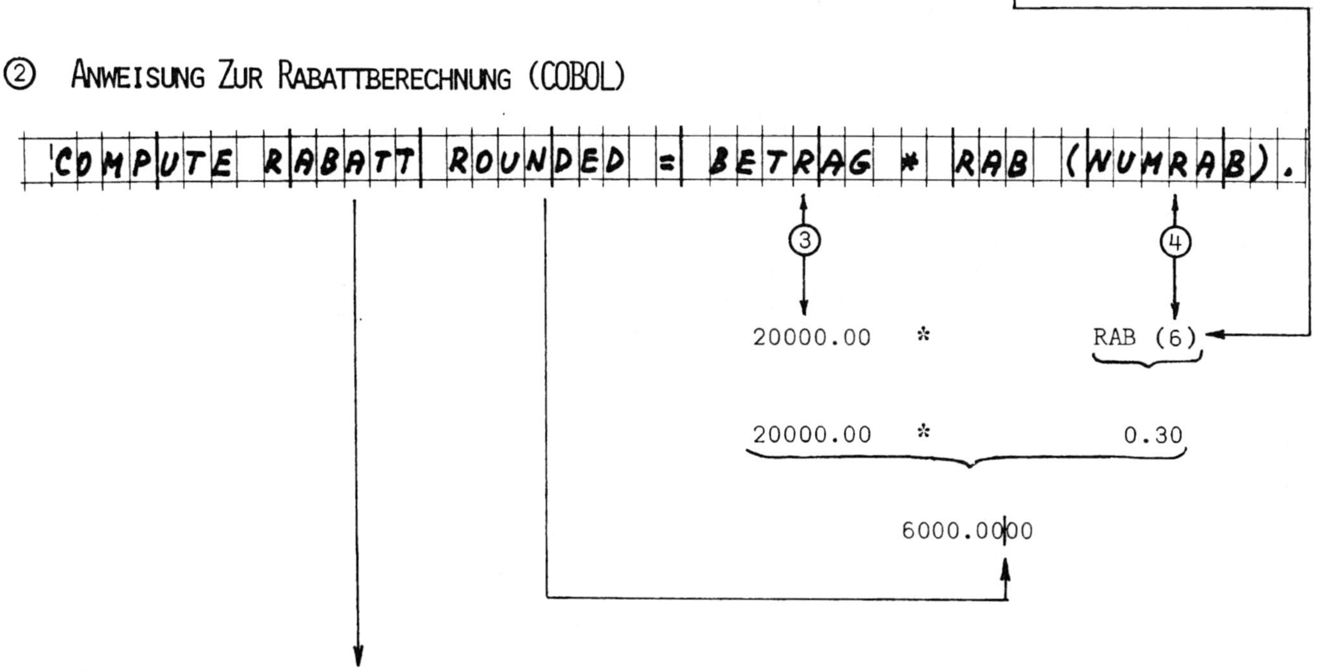

⑤ **Resultat :** Rabatt = 6000.00

AUFGABE

Wir bauen 4 verschiedene Typen von Garagen. Jeder Typ kann aus einem von drei Grundmaterialien gebaut werden. Die Bauzeit in Tagen ist je nach Typ und Material verschieden. Der Preis einer Garage ist von der Bauzeit und vom Grundmaterial abhängig.

Ihre Aufgabe:
Schreiben Sie die zwei Tabellen (eine für Bauzeiten und eine für Preise). Die Namen und Inhalte legen Sie nach Ihrem Ermessen fest. Schreiben Sie dann die Anweisung zur Berechnung des Garagenpreises. Sie müssen voraussetzen, dass der gewünschte Typ und das Grundmaterial der Garage in den Computer geladen wurden.

Nehmen Sie sich bitte Zeit genug. Es ist für Sie wichtig, die Lösung selbst zu entwickeln. Erst dann dürfen Sie meine Lösung konsultieren.

7.3. RECHNEN MIT INDIZIERTEN VARIABLEN

Nehmen wir an, dass wir alle unsere Kunden in 7 Rabattgruppen eingeteilt haben. Die entsprechenden Rabattsätze sind in Form einer eindimensionalen Tabelle im Arbeitsspeicher unseres Computers abgespeichert ①.

Die Nummer der Rabattgruppe wird mit der Kundennummer und anderen Angaben bei einer Bestellung in den Computer geladen. Für die Nummer der Rabattgruppe haben wir den Namen NUMRAB gewählt. Es ist also zugleich der Indexname in dem indizierten Variablennamen RAB (NUMRAB).

Nehmen wir nun weiter an, dass eine Bestellung in den Computer eingelesen und vom Computer verarbeitet wurde. Auf dem Speicherplatz BETRAG ③ steht die Bruttosumme der Faktura, auf dem Speicherplatz NUMRAB ④ steht die Nummer der Rabattgruppe dieses Kunden.

Es sind z.B. diese Angaben:
BETRAG = 20000.00
NUMRAB = 6.

Der Computer sucht sich in Tabelle ① den entsprechenden Rabattsatz unter dem Namen RAB (6). Es ist 0.30. Nun wird 20000.00 mit 0.30 multipliziert und gerundet. Resultat: Rabatt = 6000.00 ⑤.

ZUSATZINFORMATION

Wichtig ist, dass dem Computer noch vor Ausführung der Ergibtoperation ② der konkrete Wert des Indexes NUBRAB bekannt gegeben werden muss. In unserem Fall haben wir zuerst die Rabattgruppe auf den Speicherplatz NUMRAB gebracht und erst dann können wir die Berechnung ausführen. Andernfalls wüsste der Computer nicht, unter welchem konkreten Namen er in Tabelle ① den Rabattsatz suchen soll.

NOTIZEN

Seite 119

① TABELLE DER POTENZEN VON 2

n	2^n	n	2^n
-8	0.003 906 25	0	1
-7	0.007 812 5	1	2
-6	0.015 625	2	4
-5	0.031 25	3	8
-4	0.062 5	4	16
-3	0.125	5	32
-2	0.25	6	64
-1	0.5	7	128

② ARITHMETISCHER AUSDRUCK ALS INDEX

```
POTENZ(9 + N)
```

③ EINFACHE ABER MASCHINENZEITRAUBENDE LOESUNG (FORTRAN)

```
      N = -8
    1 POTENZ(9 + N) = 2 ** N
      IF (N .EQ. 7) STOP
      N = N + 1
      GO TO 1
```

④ KOMPLIZIERTERE ABER MASCHINENZEITSPARENDE LOESUNG (FORTRAN)

```
      N = Ø
      P = 1
    1 POTENZ(9 + N) = P
      IF (N .EQ. 7) GO TO 2
      N = N + 1
      P = P * 2
      GO TO 1
    2 N = -1
      P = Ø.5
    3 POTENZ(9 + N) = P
      IF (N .EQ. -8) STOP
      N = N - 1
      P = P / 2
      GO TO 3
```

7.4. ARITHMETISCHER AUSDRUCK ALS INDEX

Wir schreiben jetzt gemeinsam ein FORTRAN-Programm, welches im Arbeitsspeicher des Computers eine Tabelle der Potenzen von 2 erstellt. Der Exponent soll von -8 bis und mit +7 variieren (1).

Für die Tabelle der Potenzen wählen wir den Namen POTENZ. Den Exponenten bezeichnen wir mit N. Ein Element der Tabelle könnten wir mit POTENZ(N) nur dann bezeichnen, wenn der Exponent nur positive Werte annehmen sollte. In unserem Fall müssen wir uns mit einem arithmetischen Ausdruck behelfen (2). Der Index bleibt jetzt innerhalb des Intervalls für den Exponenten (-8 bis +7) immer positiv (9 - 8 = 1, 9 - 7 = 2, usw. bis 9 + 7 = 16).

Das Programm selbst ist nun einfach (3). Erinnern Sie sich jedoch bitte an die Lösung der Aufgabe 1 von Seite 114! Die Potenzierung nimmt viel Maschinenzeit in Anspruch. Sie sehen also, dass es nicht genügt, eine Formel einfach von der algebraischen in die programm-technische Schreibweise umzuwandeln. Der Programmierer muss die günstigste Lösung seitens des Computers suchen.

Untersuchen Sie jetzt bitte die zweite Programmvariante (4). Folgen Sie dem Programm in seinen zwei separaten Programmschleifen Schritt für Schritt und notieren Sie sich die jeweiligen Inhalte der Speicherplätze N, P und POTENZ(9+N)!

Die kürzeste programmtechnische Lösung ist:

```
      DO 1 I = 1, 16
    1 POTENZ(I) = 2 ** (8 - I)
```

ZUSATZINFORMATION

Die Form des arithmetischen Ausdrucks, der als Index benützt wird, ist nicht beliebig. Meistens ist es:

Konstante ± Koeffizient * Variable

9 + (1 * N) =
9 + N in unserem Fall.

NOTIZEN

Seiten 91, 114, 119

7.5. WIEDREHOLUNGSAUFGABEN

1. Wieviel steht auf dem Speicherplatz mit dem Namen WERT, wenn BZA = 3, ANZ = 4 und FAK = -2 und wenn die folgende Ergibtoperation ausgeführt wurde:

   a. WERT = BZA + ANZ - FAK

   b. WERT = BZA * FAK - ANZ

   c. WERT = BZA * (FAK - ANZ)

   d. WERT = 2 * BZA / (ANZ * FAK)

2. Stellen Sie die folgende lineare Funktion dar:

   BEST = LIM + FAKT * PROD.

   LIM = 100, FAKT = 0.2, PROD = 0.50, 100, 150, 200, 250, 300.

3. Stellen Sie die folgende nichtlineare Funktion dar:

   PREIS = EKOST + FIX / MENGE.

   EKOST = 40, FIX = 100'000, MENGE = 10'000, 20'000, ... , 50'000.
   (PREIS auf 2. Dezimalstelle 5er-grundet.)

4. Was wird vom Computer anhand des folgenden Programms (vgl. S. 102) gedruckt ?

```
PAR1.
    OPEN OUTPUT AUSDAT.
    COMPUTE WERT = Ø.
    COMPUTE ZAE = 8Ø.
    PERFORM PAR2 4 TIMES.
PAR2.
    COMPUTE WERT = WERT + 1ØØ/ZAE
    WRITE WERT.
    COMPUTE ZAE = ZAE - 2Ø.
PAR3.
    CLOSE AUSDAT.
    STOP RUN.
```

5. Nehmen Sie an, dass in einem COBOL-Programm für die Variabel PREIS ein Speicherplatz mit 4 ganzen und 2 Dezimalstellen definiert wurde. Was steht auf diesem Speicherplatz nachedem die folgende Ergibtoperation durchgeführt wurde:

   MENGE = 3.8, EPREIS = 0.12

   COMPUTE PREIS ROUNDET = MENGE * EPRIES

. Welchen Wahrheitswert erhält die Variable BEDIN, wenn

SLEKU = TRUE

UMSATZ = 1000

LIM = 2000

und

BEDIN = SLEKU AND UMSATZ GREATER LIM
(Vgl. S.112 - 113)

7. Berechnen Sie die Werte von DEKO (TER, GRENZE, QUOT), wenn

DEKO (TER, GRENZE, QUOT) = ABEC (TER, QUOT) * TAB (GRENZE)

und

ABEC

TER \ QUOT	1	2
1	0	3
2	-2	2

TAB	GRENZE
5	1
-3	2
0	3
-1	4

NEHMEN SIE SICH ZEIT GENUG !

8. Antworten und Loesungen

SEITE	FRAGE AUFGABE	ANTWORT LOESUNG
16	1.	276 ist eine Zahl. Sie besteht aus 3 Ziffern oder Zahlzeichen.
16	2.	7, als ein Teil der Zahl 276, ist eine Ziffer. Steht sie jedoch selbstständig, kann sie entweder ein Zahl oder eine Ziffer sein. In einer Addition (z.B. 7 + 3 = 10) ist 7 eine Zahl, die nur aus einer Ziffer besteht, also eine einstellige Zahl.
18	1.	Antwort C ist richtig. (Siehe Antwort 16/2.)
18	2.	Antwort B ist richtig. (Siehe Antwort 16/1.)
18	3.	Nichtpositive Zahlen sind alle negativen Zahlen und die Null.
22	1.	$\frac{2}{7} = 2 : 7 = 0.285714285714285714285714$ usw.
22	2.	$\frac{0}{7} = 0 : 7 = 0.0$ Das Resultat 0 ist auch richtig, es ist aber eine ganze Zahl, weil kein Dezimalpunkt vorhanden ist.
22	3.	Das Dividieren durch Null ist verboten, weil das Resultat nicht definiert ist.
22	4.	$-\frac{1}{5} = -1 : 5 = -0.2$
26	1.a.	$\frac{1}{4} + \frac{1}{3} =$ (Erweitern:) $\frac{1 * 3}{4 * 3} + \frac{1 * 4}{3 * 4} = \frac{3}{12} + \frac{4}{12} = \underline{\underline{\frac{7}{12}}}$
26	1.b.	$\frac{2}{7} - \frac{1}{5} = \frac{10 - 7}{35} = \underline{\underline{\frac{3}{35}}}$

ICH FUERCHTE, ICH HABE SIE SCHON EINIGEMAL ERTAPPT,

WIE SIE SICH MEINE SCHWER ERARBEITETEN RESULTATE

ANSEHEN,

BEVOR SIE SICH RICHTIG BEMUEHT HABEN,

EIGENE RESULTATE ZU FINDEN!

NICHT UMSONST GILT DES DICHTERS WORT:

VON DER STIRNE HEISS

RINNEN MUSS DER SCHWEISS!

SEITE	FRAGE AUFGABE	ANTWORT LOESUNG
26	1.c.	$\frac{1}{6} - \frac{4}{3} = \frac{1}{6} - \frac{4 * 2}{3 * 2} = \frac{1}{6} - \frac{8}{6} = -\frac{7}{6}$
	1.d.	$\frac{3}{7} * 5 = \frac{3}{7} * \frac{5}{1} = \frac{3 * 5}{7 * 1} = \frac{15}{7}$ oder $\frac{3}{7} * 5 = \frac{3 * 5}{7} = \frac{15}{7}$
	1.e.	$\frac{3}{7} : 2 = \frac{3}{7} : \frac{2}{1} = \frac{3}{7} * \frac{1}{2} = \frac{3}{14}$ oder $\frac{3}{7} : 2 = \frac{3}{7 * 2} = \frac{3}{14}$
	1.f.	$\frac{2}{4} : \frac{6}{3}$ (zuerst kürzen) $= \frac{1}{2} : \frac{2}{1} = \frac{1}{2} * \frac{1}{2} = \frac{1}{4}$
30	1.	Es wurde auf Zehner gerundet. (Wenn überhaupt !)
30	2.	0.0127 ist richtig: 0.012745 + 0.00005 = 0.012795
32	1.	472.5 * 0.2 = 94.50 94.50 + 0.5 = 95.00 95 * 5 = 475
32	2.	14.2248 * 0.2 = 2.84496 2.84496 + 0.005 = 2.84996 2.84 * 5 = 14.20 Resultat: - 14.20 (Das Minuszeichen bleibt während der Rundung unberücksichtigt !)
32	3.	0.175 * 0.2 = 0.0350 0.0350 + 0.005 = 0.0400 0.04 * 5 = 0.20

SEITE	FRAGE AUFGABE	ANTWORT LOESUNG
34	1.	Die Antwort C ist richtig - dem Nenner = Ø wegen.
34	2.	Nein, weil im Exponent ein Bruch steht und N ist sein Nenner !
34	3.	Nein, weil Ø hoch Ø nicht definiert ist.
36	1.	a. 3 * (-2) = - 6 b. (-3) * 2 = - 6 c. (-3) * (-2) = 6 d. 3 / (-2) = - 1.5 e. (-3) / 2 = - 1.5 f. (-3) / (-2) = 1.5
38	1.	siehe unten

38 1.

```
a.   12.763        b. - 0.351        c.   135.85
   + 0.005              0.351           +   0.05
   -------            + 0.005           --------
     12.768           -------             135.90
                        0.356
     12.76                                135.9
     =====              0.35              =====
                        ----
                      - 0.35
                      =======

d.  135.85         e.  135.85 * 0.2  =  27.170
  +   5
  --------              27.170
                      +  5
    140.85            --------
                        32.170       =>  30

                        30 * 5       =  150
    140                                 ===
    ===


f.   0.351 * 0.2  =  0.0702

     0.0702
   + 0.05
   --------
     0.1202       =>  0.1

     0.1 * 5      =  0.5   Resultat:  - 0.5
                     ---              =====


g.   125 * 0.2    =  25.0

     25.0
   +  5
   ------
     30.0         =>  30

     30 * 5       =  150   Resultat:  - 150
                     ---              =====
```

SEITE	FRAGE AUFGABE	ANTWORT LOESUNG		
		h. 127835 + 500 128335 128000 oder 128 Tausend ====== ===========		
38.	2.	a. C = A * B	C = (- 1) * (- 2)	C = 2 ========
		b. C = (- A) * B	C = (- (- 1)) * (- 2) C = 1 * (- 2)	C = - 2 ========
		c. C = A / (- B)	C = (- 1) / (- (- 2)) C = (- 1) / 2	C = - 0.5 =========
		d. C = A / Ø		C = nicht definiert =============
		e. C = A - (- B)	C = - 1 - (- (- 2)) C = - 1 - 2	C = - 3 =======
		f. C = Ø / B	C = Ø / (- 2)	C = Ø =======
		g. C = A * Ø	C = (- 1) * Ø	C = Ø =======
		h. C = Ø - A	C = Ø - (- 1) C = Ø + 1	C = 1 =======
		i. C = A + B	C = - 1 + (- 2) C = - 1 - 2	C = - 3 ========
		j. C = - A - B	C = - (- 1) - (- 2) C = + 1 + 2	C = 3 =======
38.	3.	Es ist vor allem: S = A - (- B) = A + B		
		a. R = 2 * (- 4) S = 2 + 4		R = - 8 S = 6 S > R (6 > - 8) S - R = 6 - (- 8) S - R = 14
		b. R = 3 * (- (- 2) S = 3 + (- 2)	R = 3 * 2 S = 3 - 2	R = 6 S = 1 S < R (1 < 6)

SEITE | FRAGE AUFGABE | ANTWORT LOESUNG

c. R = Ø * (- B) R = Ø
S = Ø + 1 S = 1

S > R (1 > Ø)

S - R = 1 - Ø
S - R = 1

d. R = (- 1.5) * (- (- 1.5) R = - 2.25
S = - 1.5 + (- 1.5) S = - 3

S < R (- 3 < - 2.25)

40 1. Das Zeichen ≥ ist ein Vergleichsoperator.

40 2. (- 4) < (- 2) < Ø ist richtig.
Der Vergleichsoperator ≤ kann sinnvoll nur zwischen Variablen stehen, welche verschiedene Werte annehmen können:

Beim Vergleich

A ≤ B

gilt "kleiner als", wenn z.B. A = - 2 und B = - 1 ist und "gleich" gilt, wenn z.B. A = - 2 und B = - 2.

42 1.

M + N * X = P * X / Minus M
N * X = P * X - M / Minus P * X
N * X - P * X = - M / X vor Klammer setzen
X * (N - P) = - M / Durch (N - P)

X = - M / (N - P)
=================

M + N * X = P * X ist eine lineare Gleichung.

42 2.

M + N * X = Q / X / mal X, X Ø
M * X + N * X^2 = Q / Minus Q und umformen
N * X^2 + M * X - Q = Ø
=====================

M + N * X = Ø / X ist eine nichtlineare Gleichung, weil die Unbekannte auch als Potenz vorhanden ist, was jedoch aus der ursprünglichen Form nicht so leicht erkennbar war.

SEITE	FRAGE AUFGABE	ANTWORT LOESUNG	
44		Bezeichnen wir mit Z das Gewicht eines Ziegelsteines. Dann gilt: $Z = \frac{Z}{2} + 1$ (kg) / mal 2 $2\ Z = Z + 2$ (kg) / minus Z $Z = 2$ (kg) Drei Ziegelsteine wiegen also 3 * Z = 3 * 2 kg = 6 kg	
48	1.	6 * X + 12 = Ø / Durch 6 X + 2 = Ø / Minus 2 X = - 2 =======	<u>Probe:</u> 6 * (- 2) + 12 = Ø - 12 + 12 = Ø Ø = Ø =====
48	2.	Ø.4 * X - Ø.Ø8 = Ø / Plus Ø.Ø8 Ø.4 * X = Ø.Ø8 / Durch Ø.4 X = Ø.2 =======	<u>Probe:</u> Ø.4 * Ø.2 - Ø.Ø8 = Ø Ø.Ø8 - Ø.Ø8 = Ø Ø = Ø =====
48	3.	- 3 * X + 4.5 = Ø - 3 * X = - 4.5 X = 1.5 =======	<u>Probe:</u> (- 3) * 1.5 + 4.5 = Ø - 4.5 + 4.5 = Ø Ø = Ø =====
48	4.	2 * X - 11 = 13 * X - 11 * X = 11 X = - 1 =======	<u>Probe:</u> 2 * (- 1) - 11 = 13 *(- 2 - 11 = - 13 - 13 = - 13 ===========
43	5.	12 - 3 * X = X - 4 * X = - 12 X = 3 =====	<u>Probe:</u> 12 - 3 * 3 = 3 12 - 9 = 3 3 = 3 =====
48	6.	X / 2 - X / 3 = 1 3 * X - 2 * X = 6 X = 6 =====	<u>Probe:</u> 6 / 2 - 6 / 3 = 1 3 - 2 = 1 1 = 1 =====

SEITE	FRAGE AUFGABE	ANTWORT LOESUNG
48	7.	X / Ø.4 = Ø.1 + X / Ø.5 5 * X = Ø.2 + 4 * X X = Ø.2 ======= Probe: Ø.2 / Ø.4 = Ø.1 + Ø.2 / Ø.5 Ø.5 = Ø.1 + Ø.4 Ø.5 = Ø.5 =========
48	8.	X / 4 - 6 + 2 * X = Ø.25 * X + 4 + X / Ø.5 - 1Ø X / 4 - 6 + 2 * X = X / 4 + 2 * X - 6 Ø = Ø ===== Die Gleichung hat unendlich viele Lösungen. z.B. X = 4 : 4 / 4 - 6 + 2 * 4 = Ø.25 * 4 + 4 + 4 / Ø.5 - 1Ø 1 - 6 + 8 = 1 + 4 + 8 - 1Ø 3 = 3 =====
48	9.	X + 2 * X + 3 * X = Ø 6 * X = Ø X = Ø ===== Probe: Ø + 2 * Ø + 3 * Ø = Ø Ø + Ø + Ø = Ø Ø = Ø =====
48	10.	$I = \frac{5}{4} * S$ $W = \frac{S}{I} = \frac{S}{5 * S} = \frac{4 * S}{5 * S} = \frac{4}{5} = 0.8 = 80\ \%$
48	11.	B = 2 * A C = A - 1 A + B + C = 11 ⇒ A + 2 * A + A - 1 = 11 4 * A = 12 A = 3 ====== B = 6 ====== C = 2 ====== Probe: 3 + 6 + 2 = 11 11 = 11 =======

SEITE	FRAGE AUFGABE	ANTWORT LOESUNG
48	12.	Niedrigste Leistung: 250 - X ... Höchste Stundenzahl : 12 Höchste Leistung : 250 + X ... Niedrigste Stundenzahl: 8 $(250 - X) * 12 = (250 + X) * 8$ $3000 - 12 * X = 2000 + 8 * X$ $- 20 * X = - 1000$ $X = 50$ ====== Der höchste Leistungsunterschied beträgt 50 Produkte pro Stunde.
50	1.	$L = G * T$ / Durch T $L / T = G$ / Vertauschen $G = L / T$ =========
50	2.	$A + B * X = D$ / Minus A $B * X = D - A$ / Durch B $X = (D - A) / B$ ===============
50	3.	X ist nicht definiert, weil der Nenner B = Ø.
53	1.	a. $A - X < B$ $- X < B - A$ (Auf beiden Seiten wurde A subtrahiert.) $X > - B + A$ (Die Ungleichung wurde mit (-1) multipliziert.) $X > A - B$ ========= b. $A - X * B > C + D$ $- X * B > C + D - A$ $X < (C + D - A) / (- B)$ (Die Ungleichung wurde durch (-B) dividiert.) ======================= c. $A - B * X \leqslant C + D$ $- B * X \leqslant C + D - A$ $X \geqslant (C + D - A) / (- B)$ ===================  d. $A * X + B < C * X + D$ $A * X - C * X < D - B$ $X * (A - C) < D - B$ $X < (D - B) / (A - C)$ $A \neq C$ ===================================

SEITE	FRAGE AUFGABE	ANTWORT LOESUNG

e. $- X < A$

$X > - A$ (Die Ungleichung wurde mit (-1) multipliziert.)

f. $X < - A + 2 * X$

$- X < - A$ (Auf beiden seiten wurde 2 * X subtrahiert.)

$X > A$

53 2. a. $M * Y < N * P$

$4 * Y < (- 3) * 2$ (Konkrete Werte wurden in M, N, P eingesetzt.)

$4 * Y < - 6$

$Y < - 1.5$

b. $M - 2 \geq (P + N) * Y$

$4 - 2 \geq (2 + (- 3)) * Y$

$2 \geq (2 - 3) * Y$

$2 \geq (- 1) * Y$

$- 2 \leq Y$

$Y \geq - 2$

c. $3 * N - M * Y < P * Y - 2$

$3 * (- 3) - 4 * Y < 2 * Y - 2$

$- 9 - 4 * Y < 2 * Y - 2$

$- 6 * Y < 7$ (Auf beiden Seiten wurde 9 addiert und 2 * Y subtrahiert.)

$Y > - 1.1666 \ldots$

d. $M * Y - N * Y < 3 * Y + P * Y$

$M * Y - N * Y - 3 * Y - P * Y < 0$

$Y * (M - N - 3 - P < 0$

$Y * (4 - (- 3) - 3 - 2) < 0$

$Y * (4 + 3 - 3 - 2) < 0$

$2 * Y < 0$

$Y < 0$ (Die Ungleichung wurde durch 2 dividiert.)

SEITE	FRAGE AUFGABE	ANTWORT LOESUNG	
58	1.	142 : 2 71 | 0 35 | 1 17 | 1 8 | 1 4 | 0 2 | 0 1 | 0	= 10001110 binär ============== Probe: 2 + 4 + 8 + 128 142 ======
58	2.	1000 : 2 500 | 0 250 | 0 125 | 0 62 | 1 31 | 0 15 | 1 7 | 1 3 | 1 1 | 1	= 1111101000 binär ================ Probe: 8 + 32 + 64 + 128 + 256 + 512 1000 ======
60	1.	0.6 * 2 1.2 0.4 0.8 1.6 1.2 usw.	= 0.100110011 binär ================= Probe: 0.5 + 0.0625 + 0.03125 + 0.00390625 + 0.001953125 0.599509375 =============
60	2.	47 : 2 23 | 1 11 | 1 5 | 1 2 | 1 1 | 0	= 101111 binär Probe: 1 + 2 + 4 + 8 + 32 47 ======

```
SEITE     FRAGE        ANTWORT
          AUFGABE      LOESUNG

                       0.346 * 2  =  0.010110001001 binär

                       0.692         Probe:  0.25
                       1.384               + 0.0625
                       0.768               + 0.03125
                       1.536               + 0.001953125
                       1.072               + 0.000244140625
                       0.144               ----------------
                       0.288                 0.345947265625
                       0.576               ================
                       1.152
                       0.304
                       0.608
                       1.216

                      47.346 dezimal = 101111.010110001001 binär
                      ==========================================


 67        1.         a.   11011      Probe: 1 + 2 + 8 + 16 = 27
                             101             1 + 4          =  5
                          ------                            ---
                          100000                              32

                      b.    1011      Probe:  110
                          -  110            + 101
                          ------            -----
                             101             1011
                          ======            =====


 67        2.         a.     107      Probe:      7 + 64     =  71
                             240            4 * 8 + 2 * 64 = 160
                             ---
                             347 (= 7 + 4 * 8 + 3 * 64     = 231)
                             ===

                      b.     444      Probe:
                             716                  4 * (1 + 8 + 64) = 292
                            ----            6  * 1 + 1 * 8 + 7 * 64 = 462
                            1362 (= 2 * 1 + 6 * 8 + 3 * 64 + 1 * 512 = 754)
                            ====

                      c.    2634      Probe:   715
                          -  715             + 1717
                          ------             ------
                            1717               2634
                          ======             ======


                      d.     700      Probe:   377
                          -  377             +  301
                          ------             ------
                             301                700
                          ======             ======
```

SEITE	FRAGE AUFGABE	ANTWORT LOESUNG

67 — 3.

```
a.     4F0            Probe: 15 * 16 + 4 * 256 = 1264
    +   6B                        11 + 6 *  16 =  107
    ------                                      -----
       55B (= 11 + 5 * (16 + 256)              = 1371)
    ======

b.     22B            Probe: 11 + 2 * (16 + 256) =  555
    +  FF4                    4 + 15 * (16 + 256) = 4084
    ------                                         ----
      121F (= 15 + 16 + 2 * 256 + 4096            = 4639)
    ======

c.     FB4            Probe:   C1F
    -  C1F                   + 395
    ------                   -----
       395                     FB4
    ======                   =====

d.    1000            Probe:   BB1
    -  BB1                     44F
    ------                   -----
       44F                    1000
    ======                   =====
```

74 — 1.

|- 5| = + 5 = 5, weil der absolute Wert von <u>jeder</u> Zahl <u>positiv</u> ist.

74 — 2.

|3 - 6| = |- 3| = 3. Siehe Antwort 74/1.

74 — 3.

Bei der Addition z.B.: RF = AF/|U + V| .

76 — 1.

$$\text{Grundwert} = \frac{60 * 100}{12} = 500$$

```
                                  ===
```

76 — 2.

```
Z = (K * P) / 100

100 * Z = K * P
      P = (100 * Z) / K
      P = (100 * 28) / 800
      P = 2800 / 800
      P = 28/8
      P = 3.5 %
      =========
```

76 — 3.

```
Q  = 1 + 5 / 100 = 1.05
EK = 500 * 1.05 * * 2
EK = 500 * 1.1025
EK = 551.25
===========
```

SEITE	FRAGE AUFGABE	ANTWORT LOESUNG
79	1.	↑ 1600 ..... 4200 ↑ 1400 ..... X $\frac{X}{4200} = \frac{1400}{1600}$ $X = \frac{14 * 4200}{16} = 3675$ Stück ==========
79	2.	↓ 2500 ..... 4 ↑ 3000 ..... X $\frac{X}{4} = \frac{2500}{3000}$ $X = \frac{25}{30} * 4 = \frac{5}{6} * 4 = 20 / 6 = 3.3$ Tage ========
79	3.	↑ 79 ..... 14 ↑ 126 ..... X $\frac{X}{14} = \frac{126}{79}$ $X = \frac{126}{79} * 14 = 22,3$ ====

SEITE

82

Mindestens 75 % richtig ?	J	J	J	J	J	J	J	J	N	N	N	N	N	N	N	N
Weniger als 50 % richtig ?	J	J	J	J	N	N	N	N	J	J	J	J	N	N	N	N
Günstiges Wetter ?	J	J	N	N	J	J	N	N	J	J	N	N	J	J	N	N
Vorderseite gefallen ?	J	N	J	N	J	N	J	N	J	N	J	N	J	N	J	N
Wiederholung am Kursende	X	X	X	X	X	X	X	X	-	-	-	-	-	X	-	X
Wiederholung gleich aufnehmen	-	-	-	-	-	-	-	-	-	-	X	X	-	-	X	-
Wiederholung ab Montag	-	-	-	-	-	-	-	-	X	X	-	-	X	-	-	-

Diese Entscheidungstabelle kann vereinfacht werden, weil mehrere Regeln die gleiche Aktion auslösen:

Mindestens 75 % richtig ?	J	N	N	N	N	N
Weniger als 50 % richtig ?	-	N	J	J	N	N
Günstiges Wetter ?	-	-	J	N	J	N
Vorderseite gefallen ?	-	N	-	-	J	J
Wiederholung am Kursende	X	X	-	-	-	-
Wiederholung gleich aufnehmen	-	-	-	X	-	X
Wiederholung ab Montag	-	-	X	-	X	-

Anmerkung: Die Bindestriche im oberen rechten Teil bedeuten, dass in der betreffenden Regel die Bedingung nicht von Bedeutung ist.

8. Antworten und Lösungen

SEITE	FRAGE AUFGABE	ANTWORT LOESUNG
84	1.	Es gibt keine grösste Zahl. Die Kinder haben schon längst die Definition einer unendlich grossen Zahl gefunden: Das eine Kind prahlt sich: "Ich habe zu Hause Tausend Spielzeuge". Das andere trotzt: "Ich habe zwei Tausend !" Und das erste triumphiert: "Ich habe immer <u>um ein Spielzeug</u> mehr, gleichwohl, wieviel du sagst". Die Mathematiker nennen es Axion des Unendlichen: "Sei N eine Zahl dann ist (N + 1) auch eine Zahl". Wie wollen Sie die grösste erreichen ?
84	2.	Auch hier gibt es keine vernünftige Antwort. Zwei Meter gross - oder vielleicht zehn Meter gross ? Oder noch grösser ? Im dezimalen System hat die Ziffer 9 den höchsten Wert. Im binären System ist es die Ziffer 1, im Oktalsystem 7 und im hexadezimalen System die "Ziffer" F.
84	3.	15 ist eine natürliche Zahl. Deswegen ist sie ganz und positiv. "Fünfzehn" ist ein Zahlwort. F im Hexadezimalsystem ist die Ziffer mit höchstem Wert, der sich <u>dezimal ausgedrückt</u> auf 15 beläuft.
84	4.	Nein ! Aber <u>4</u> ist eine ganze Zahl, weil sie keinen Dezimalpunkt enthält.
84	5.	7/0 ist nicht definiert. Denken Sie nur an die linearen Gleichungen: $0 * X = 7$ Welchen Wert müsste X haben, damit diese Gleichung erfüllt wäre ? Dürfte man durch Null dividieren (was aber <u>nicht</u> erlaubt ist), hätten wir $0 * X = 7$ / Durch Null dividieren $X = 7 / 0$
84	6.	a. $\frac{1}{2} + \frac{1}{3} = \frac{1 * 3}{2 * 3} + \frac{1 * 2}{3 * 2} = \frac{3}{6} + \frac{2}{6} = \frac{5}{6}$ (Erweitern !) b. $\frac{1}{6} - \frac{2}{3} = \frac{1}{6} - \frac{2 * 2}{3 * 2} = \frac{1}{6} - \frac{4}{6} = - \frac{3}{6} = \frac{3 / 3}{6 / 3} = - \frac{1}{2}$ (Kürzen) c. $\frac{9}{6} - \frac{3}{2} = \frac{9 / 3}{6 / 3} - \frac{3}{2} = \frac{3}{2} - \frac{3}{2} = 0$ (Kürzen !)

SEITE	FRAGE AUFGABE	ANTWORT LOESUNG

d. $\frac{3}{4} * \frac{2}{5} = \frac{3 * 2}{4 * 5} = \frac{6}{20} = \frac{6 / 2}{20 / 2} = \frac{3}{10}$

e. $\frac{4}{7} * 2 = \frac{4 * 2}{7} = \frac{8}{7}$

f. $\frac{2}{3} : \frac{3}{2} = \frac{2}{3} * \frac{2}{3} = \frac{2 * 2}{3 * 3} = \frac{4}{9}$

g. $\frac{4}{5} : 2 = \frac{4 : 2}{5} = \frac{2}{5}$ oder $\frac{4}{5} : 2 = \frac{4}{5} : \frac{2}{1} = \frac{4}{5} * \frac{1}{2} = \frac{4}{5 * 2} = \frac{4/2}{10/2}$

h. $\frac{7}{6} : 3 = \frac{7}{6} : \frac{3}{1} = \frac{7}{6} * \frac{1}{3} = \frac{7}{18}$

i. $-\frac{1}{3} : \frac{2}{4} = -\frac{1}{3} : \frac{2 / 2}{4 / 2} = -\frac{1}{3} : \frac{1}{2} = -\frac{1}{3} * \frac{2}{1} = -\frac{2}{3}$

84 7. a. - 271.25 c. - 271 e. - 300 oder - 0.3 (Tausend
b. - 271.2 d. - 270 f. - 0 oder 0 (Tausend

Anmerkungen:

- Beachten Sie bitte die obige Rundung auf Zehntel ! Eine sukzessive Rundung würde uns zu - 271.3 führen (ausgehend von - 271.25 was von der direkten Rundung der ursprünglichen Zahl - 271.245 differiert. Also Vorsicht bei einer sukzessiven Rundung, wenn di letzte gültige Ziffer eine 5 ist !

- Die Null kann man nach dem Runden mit Minus-Vorzeichen versehen, um zu zeigen, dass sie aus einer negativen Zahl entstanden ist. Das kann in einer Statistik von Bedeutung sein !

84 8. 47.264 * 0.2 = 9.4528

9.4528
+ 0.0005
9.4533

9.453 * 5 = 47.265

47.264
+ 0.005
47.269

47.26 * 0.2 = 9.452
+ 0.005
9.457

9.45 * 5 = 47.25

47.264
+ 0.05
47.314

47.3 * 0.2 = 9.46
+ 0.05
9.51

9.5 * 5 = 47.5

SEITE	FRAGE AUFGABE	ANTWORT LOESUNG
84	9.	a.

$2 * X - 2 = X \quad |\ \text{Plus } 2$

$2 * X = X + 2 \quad |\ \text{Minus } X$

$\underline{\underline{X = 2}}$

Probe: $2 * 2 - 2 = 2$

$4 - 2 = 2$

$\underline{\underline{2 = 2}}$

b.

$2 / X - 1 = 3 \quad |\ \text{Plus } 1$

$2 / X = 4 \quad |\ \text{Mal } X$

$2 = 4 * X \quad |\ \text{Durch } 4$

$0.5 = X \quad |\ \text{Vertauschen}$

$\underline{\underline{X = 0.5}}$

Probe: $2 / 0.5 - 1 = 3$

$2 : \frac{1}{2} - 1 = 3$

$2 * 2 - 1 = 3$

$4 - 1 = 3$

$\underline{\underline{3 = 3}}$

c.

$A - B * X = C * X \quad |\ \text{Minus } A, \text{ Minus } C * X$

$-B * X - C * X = - A \quad |\ \text{Mal } (-1)$

$B * X + C * X = A \quad |\ X \text{ vor Klammern}$

$X * (B + C) = A \quad |\ \text{Durch } (B + C)$

$\underline{\underline{X = A / (B + C)}}$

Probe:

$A - B * \frac{A}{B + C} = C * \frac{A}{B + C} \quad |\ \text{Mal } (B + C)$

$A * (B + C) - B * A = C * A$

$A * B + A * C - B * A = C * A$

$\underline{\underline{A * C = C * A}}$

SEITE	FRAGE	ANTWORT
84	10.	a.

$- Z * B < A \quad |\ \text{Mal } (-1)$

$Z * B > - A \quad |\ \text{Durch } B$

$\underline{\underline{Z > - A / B}}$

b.

$A / Z - B \leq C \quad |\ \text{Plus } B$

$A / Z \leq C + B \quad |\ \text{Mal } Z$

$A \leq (C + B) * Z \quad |\ \text{Durch } (C + B)$

$A / (C + B) \leq Z \quad |\ \text{Vertauschen}$

$\underline{\underline{Z \leq A / (C + B)}}$

SEITE	FRAGE AUFGABE	ANTWORT LOESUNG

85 11.

a.

```
23 : 2 |                 23 dezimal = 10111 binär
-------|
11     | 1
 5     | 1              Probe: 1 0 1 1 1  =  1 + 2 + 4 + 16
 2     | 1
-------
 1       0

0.09 * 2                0.09 dezimal = 0.000101110 binär
--------
0.18 * 2
0.36 * 2                Probe: 0.0625
0.72 * 2                       0.015625
1.44 * 2                       0.0078125
0.88 * 2                       0.00390625
1.76 * 2                       ----------
1.52 * 2                       0.08984375
1.04 * 2
0.08                    23.09 dezimal = 10111.000101110 binär
```

b. 23.09 dezimal = 10111.000101110 binär =

= 2 7 . 0 5 6 oktal

```
Probe:   2 * 8     = 16
       + 7 * 1     =  7
       + 0 * 1/8   =  0
       + 5 * 1/64  =  0.078125      (5 * 0.015625)
       + 6 * 1/512 =  0.011718750   (6 * 0.001953125)
                   ---------------
                     23.08984375
```

c. 23.09 dezimal = 10111.00010111 binär =

= 1 7 . 1 7 hexadezimal

```
Probe:   1 * 16    = 16
       + 7 * 1     =  7
       + 1 * 1/16  =  0.0625
       + 7 * 1/256 =  0.02734375   (7 * 0.00390625)
                   ---------------
                     23.08984375
```

85 12.

```
a.  10111     Probe:  1011
   - 1011            + 1100
   ------            ------
    1100              10111

b.  1672      Probe:   715
   - 715             + 755
   ------            ------
     755              1672

c.  C17F      Probe:  B2AA
   - B2AA            + ED5
   ------            ------
     ED5              C17F
```

SEITE	FRAGE AUFGABE	ANTWORT LOESUNG
85	13.	a. 0.007 * 0.03 = 0.00021, weil 3 + 2 = 5 Dezimalstellen b. 12.34 * 0.00001 = 0.0001234, weil 2 + 5 = 7 Dez.-Stellen
85	14.	U = 34.4 Mrd DU = 0.05 Mrd = 50 Mio

V = 17.2 Mio DV = 0.05 Mio = 50 Tausend

AF = (DU * |V| + DV * |U|) / V^2 =

= (50 * 17.2 + 0.05 * 34400) / 17.2^2 =

= (860 + 1720) / 295.84 = 2580 : 295.84 =

= 8.72 Währungseinheiten, was tief unter dem Rundungsfehler von 50 Währungseinheiten beim Pro-Kopf-Einkommen liegt.

RF = DU / U + DV / V = 0.05 / 34.4 + 0.05 / 17.2 =

= 0.00145 + 0.00291 = 0.00436 = 0.436 %.

Wie Sie schon vielleicht bemerkt haben, gelten zwischen dem absoluten und dem relativen Fehler die folgenden Beziehungen:

Addition : RF = AF / |U + V|
Subtraktion: RF = AF / |U - V|
Multiplikation: RF = AF / |U| * |V|
Division: RF = (AF * |V|) / |U|.

Wenn wir also beide Fehler berechnen müssen, genügt es, den absoluten Fehler AF nach Tabelle ② auf Seite 74 zu berechnen und für den relativen Fehler die eben aufgeführten Formeln zu benützen.

In unserer Aufgabe ist AF = 8.72 Währungseinheiten = = 0.00872 in Tausenden. Folglich:

RF = (0.00872 * 17.2) / 34.4 = 0.00872 / 2.0 = 0.00436 =

= 0.436%.

85 15.

Z = (K * P) / 100 | Mal 100
Z * 100 = K * P | Durch P
(Z * 100) / P = K | Seiten vertauschen
K = (Z * 100) / P | Werte einsetzen
K = (200 * 100) / 5
K = 20000 / 5
K = 4000 Fr.

85 16.

Q = 1 + P / 100 Q = 1 + 10 / 100 = 1.1
EK = AK * Q ** N EK = 5000 * 1.1 ** 3
EK = 5000 * 1.331
EK = 6655 Fr.

SEITE	FRAGE AUFGABE	ANTWORT LOESUNG
85	17.	Ansatz:

14 Bungalows . . . . 100 %
X Bungalows . . . . 120 %

Regel : "Je <u>mehr</u> (Platz nötig), desto <u>weniger</u> (Stück kann man bauen).

↑ 14 Bungalows . . . . 100 % ↓
X Bungalows . . . . 120 %

Gleichung : $\frac{X}{14} = \frac{100}{120}$ | Mal 14

$$X = \frac{100 * 14}{120}$$

$$\underline{X = 11.7}$$

Es können 11 Bungalows UP-Z gebaut werden.

SEITE	FRAGE AUFGABE	ANTWORT LOESUNG
85	18.	

(EJ - AJ) * 360 = (71 - 68) * 360 = 3 * 360 = 1080
(EM - AM) * 30 = (3 - 7) * 30 = -4 * 30 = - 120
(ET - AT) + 1 = (30 - 1) + 1 = 29 + 1 = 30

T = 990 Tage

Die Prämie meines Freundes bezeichnen wir als PF. Dann gilt:

PF = (P * 0.75 * T) / (5 * 360)

- 5 * 360: Fünf Jahre sind die Bedingung für die volle Prämie
- T: Dauer der Anstellung. (Bei meinem Freund ist T = 990 Tage.)
- 0.75: Da er nicht ganze 5 Jahre angestellt wurde, bekommt er nur 75 % der Prämie.

PF = (P * 0.75 * 990) / 1800
PF = (P * 742.5) / 1800
PF = P * 0.4125

Wäre die Prämie P z.B. auf 2000.00 Fr. festgelegt, würde er
PF = 2000.00 * 0.4125 = 825.00 Fr. bekommen.

SEITE	FRAGE AUFGABE	ANTWORT LOESUNG
88	1.	Die Operationszeichen für die Addition und Subtraktion sind in der Programmierung und in der Algebra gleich.
88	2.	Die Operationszeichen für die Multiplikation und Division sind in der Programmierung anders, als in der Algebra.
88	3.	In der Programmierung dürfen ausser den Ziffern und Sonderzeichen nur Grossbuchstaben vorkommen.
90	1.	A * B M - N + P Q / R S + T W / Z
90	2.	REG01 und WURZEL sind richtig. 2WURZ beginnt mit einer Ziffer, was verboten ist. KOEFFIZ hat 7 Zeichen; nur höchstens 6 Zeichen sind erlaubt. ABT-1 hat ein Sonderzeichen (Bindestrich). A 1 enthält eine Leerstelle; das ist verboten, weil die Leerstelle auch ein Sonderzeichen ist. 2227 beginnt mit einer Ziffer. WURZ/X enthält ein Sonderzeichen (Schrägstrich - reserviert für Operationszeichen der Division). Beta enthält kleine Buchstaben, was verboten ist.
90	3.	MENGE * PREIS ist richtig. SUMME/ANZAHL ist nach unseren Regeln falsch. Es fehlen die Leerstellen vor und nach dem Schrägstrich. In FORTRAN ist es ein erlaubter arithmetischer Ausdruck (Division), weil dort die Leerstellen nicht vorgeschrieben sind. In COBOL ist es ein unerlaubter Variablenname, weil in dieser Programmiersprache die Leerstellen vor und nach Operationszeichen vorgeschrieben sind und innerhalb eines Namens ausser des Bindestrichs keine anderen Sonderzeichen erlaubt sind. GLIED +INKREM ist nach unseren Regeln falsch, weil die Leerstelle nach dem Operationszeichen fehlt. In FORTRAN ist es ein erlaubter arithmetischer Ausdruck (Addition), weil dort die Leerstellen erlaubt aber nicht vorgeschrieben sind. In COBOL ist GLIED ein richtiger Variablenname, hingegen +INKREM wäre wegen dem Sonderzeichen + ein unerlaubter Name.

SEITE	FRAGE AUFGABE	ANTWORT LOESUNG
94	1.	(BETR - RAB) * ST (1000 - 50) * 0.02 950 19
94	2.	Richtig wäre: WERT * (-2.5) Das gleiche gilt auch für zwei beliebige Operationszeichen: A + B * - C + D ist <u>falsch</u>. A + B * (- C + D) ist <u>korrekt</u>.
96	1.	a) A + B - C * D + E 1 + 2 - 3 * 4 + 5 12 3 -9 -4
		b) A + (B - C) * D + E 1 + (2 - 3) * 4 + 5 -1 -4 -3 +2
		c) A * B / D 1 * 2 / 4 2 0.5
		d) - A + B / E - 1 + 2 / 5 0.4 -0.6
		e) A * (B - (C - D) * (D - E)) 1 * (2 - (3 - 4) * (4 - 5)) -1 -1 +1 1 1
		f) A / B / E 1 / 2 / 5 0.5 0.1
		g) A / (B * E) 1 / (2 * 5) 10 0.1

SEITE	FRAGE AUFGABE	ANTWORT LOESUNG

96 2. a) Das ist kein arithmetischer Ausdruck, sondern bloss drei Variablennamen hintereinander, wobei der dritte Name unerlaubt ist (7 Zeichen).
Richtig wäre z.B.:

```
SUMME * PROZ
```

b) Das Minuszeichen folgt unmittelbar dem Operationszeichen für Division, was untersagt ist. Ausserdem ist die Null nicht durchgestrichen. Richtig wäre:

```
A + B / (-2.Ø)
```

c) Der erste Variablenname ist zu lang.

d) Eine rechte Klammer fehlt.

e) In der Algebra kann man die Multiplikation auch dadurch angeben, dass man die Bezeichnungen der Variablen zusammen schreibt:

mn

In den Programmiersprachen muss die Multiplikation durch ein Sternchen angegeben werden:

```
F * M * N * (E - G)
```

Die Zeichenkombination MN steht in einem Programm als Variablenname.
Betrachten Sie dazu bitte noch folgendes Beispiel:

```
2N          2 * N
```

Unerlaubter Name (weil Ziffer am Anfang) — Zwei mal N

f) In Ø,5 steht ein Komma anstelle des richtigen Dezimalpunktes: Ø.5.

g) FO1 bedeutet Ef - O - Eins. FØ1 bedeutet Ef - Null - Eins.

96 3.

a)
```
A * B * (E - F)
```
b)
```
(A + B) / (C + D)
```
c)
```
M * N / (X * (Y + Z))
```
oder
```
M * N / X / (Y + Z)
```

Die erste Form ist besser, weil dort nur eine Division verlangt wird. Multiplizieren kann auch der Computer schneller als Dividieren.

d)
```
Ø.1 * K / (A + B)
```
e)
```
(A + 1) / (B + C * D)
```
f)
```
((A - B) * (D - C) + (E - F) / (G - H)) * I
```

SEITE	FRAGE AUFGABE	ANTWORT LOESUNG

98 1.

```
  Alter Inhalt von SUMME ....... 150.00
+ Inhalt von BETRAG ...........+  31.50
= Neuer Inhalt von SUMME       = 181.50
```

98 2. U = W bedeutet: Der Wert der rechten Seite ergibt den neuen Wert der linken Seite. Also nach Ausführung dieser Operation steht -8 in U. Der alte Inhalt von U, nämlich 17, geht verloren. Inhalte aller Variablennamen auf der <u>rechten</u> Seite bleiben unverändert. Das ist einem Tonband sehr ähnlich, welches zwar ein Lied an die Reproduktoren liefert, aber das Lied auf dem Tonband nicht löscht. Also nach Ausführung von U = W steht -8 auch in W.

108 1. Bei X=-4 kann die Funktion SQRT(X) nicht ausgeführt werden. -4 hat keinen reellen Wert.

108 2. Das Resultat ist 1, weil ABS(-4)=+4 und SQRT(4)=+2. Es ist also 2 mal 0.5=+1. Möchte man beide Wurzeln haben, müsste man es programmieren:

```
WURZ1 = SQRT(X)
WURZ2 = - WURZ1
```

(Wir nehmen an, dass X nicht negativ ist.)

114 1.

```
Y = A + B * X + C * X ** 2
```

Vergleichen Sie bitte Ihre Lösung <u>genauestens</u> mit der meinen. Etwas ähnliches wie z.B.

```
Y = A + BX + CX ** 2
```

wäre natürlich ganz falsch, weil BX ein Variablenname ist, jedoch keine Multiplikation.

Betrachten Sie bitte noch die folgende richtige Variante dieser Ergibtoperation:

```
Y = A + (B + C * X) * X
```

Wir ersparen auf diese Weise eine Multiplikation. Das Potenziere zu zwei verlangt nämlich auch eine Multiplikation: X * X.

Nun die graphische Darstellung:

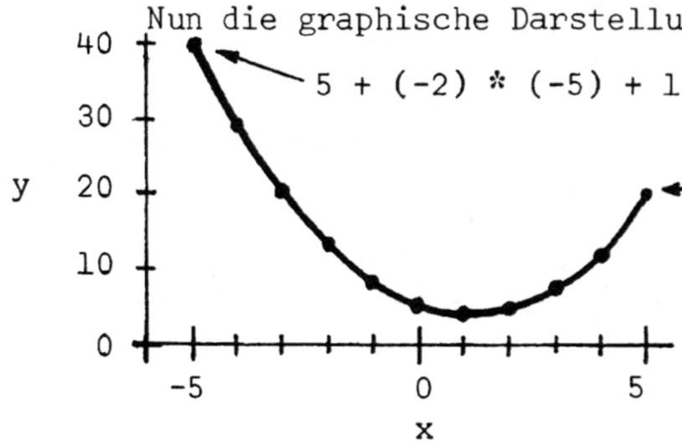

5 + (-2) * (-5) + 1 * (-5) * (-5) = 5 + 10 + 25 (= 40)

5 + (-2) * 5 + 1 * 5 * 5 =
= 5 - 10 + 25 (= 20)

SEITE	FRAGE AUFGABE	ANTWORT LOESUNG

114 2.

```
Z = ABS(A - X) * C ** (D + E)
```

Beide Klammernpaare sind sehr wichtig, nicht wahr?

TABELLE

z = |1-x| .2	
x	z
-3	8
-2	6
-1	4
0	2
+1	0
+2	2
+3	4

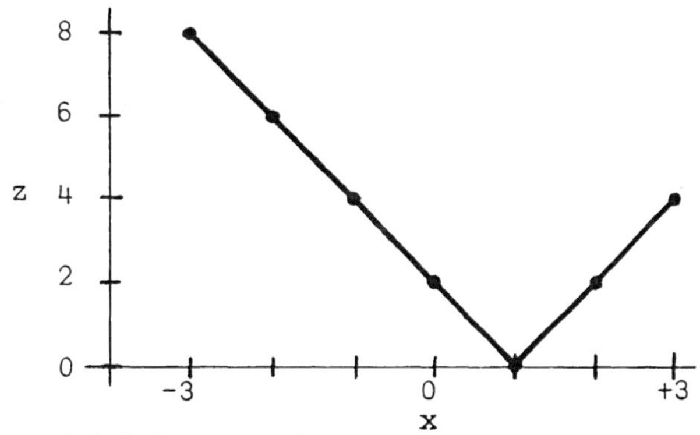

114 3.

```
COMPUTE SUMME = SUMME + MENGE * PREIS.
```

Das war COBOL. Nun in FORTRAN:

```
SUMME = 0
:
:
SUMME = SUMME + MENGE * PREIS
```

Natürlich muss man auch in COBOL den Speicherplatz SUMME am Anfang auf Null setzen.

114 4. Vor der ersten Eingabe: SUMME = 0
Nach der ersten Eingabe: SUMME = 500.00 (0+100x5.00)
Nach der zweiten " : SUMME = 700.00 (500.00+10x20.00)
Nach der dritten " : SUMME = 1200.00 (700.00+500x1.00)

114 5. a) RES = 1.25 c) RES = 1 250 000
b) RES = 1.67 d) RES = 1 666 667

Differenz = 0.42 Differenz = 416 667

Obwohl die Differenz in beiden Fällen <u>prozentuell</u> die gleiche ist, besteht ein Riesenunterschied in den absoluten Werten.
VORSICHT BEIM DIVIDIEREN MIT KLEINEN ZAHLEN!
<u>Uebrigens eine Division durch Null geht überhaupt nicht!</u>

SEITE	FRAGE AUFGABE	ANTWORT LOESUNG

114 6. Würden Sie ein solches Programm schreiben, müssten Sie wahrscheinlich mit der Kündigung rechnen. Das gleiche Resultat würde doch auch das Programm

```
Z = -1
WRITE Z
```

liefern. Warum?
Wenn FAKT den Wahrheitswert <u>wahr</u> hat, wird in OPER der Wahrheitswert <u>falsch</u> abgelegt. Es ist ja

OPER = <u>.NOT.</u> FAKT

Und umgekehrt:Bei FAKT = FALSE ist OPER = TRUE.
In der ODER-Verbindung genügt, wenn ein Operand TRUE ist, damit die ganze Verbindung den Wahrheitswert TRUE hätte.
Die Bedingung

FAKT .OR. OPER

ist also in unserem Fall <u>immer</u> erfüllt. Da auch Z/Z immer Eins ist, brauchen wir keine konkreten Werte von A und B, um das Resultat bestimmen zu können.

116 1. BEZIRK (5, 4) ist ein indizierter Variablenname.

116 2. BEZIRK in BEZIRK (5, 4) ist ein Tabellenname (COBOL) oder ein Feldname (FORTRAN).

116 3. CUB (2, 6, 1) gehört einem dreidimensionalen Feld an.

118 1. WERK (N) ist ein richtiger indizierter Variablenname mit einem allgemein bezeichneten Index N.

MASCH (Ø, 3) ist wegen der Null falsch.
ZAHL (6, 133, 4) ist ein richtiger indizierter Variablenname aus einem dreidimensionalen Feld .
NUMMER (2, -1) ist wegen dem negativen Index -1 falsch.
TAB (I, J, K) ist ein richtiger indizierter Variablenname mit drei allgemein bezeichneten Indizes I, J und K, Die Schreibweise TAB (I,J,K) ist dagegen nicht allgemein zulässig. Es fehlen die Leerstellen vor J und K.
ELEMENT (7) ist nicht allgemein zulässig, weil der Feldname ELEMENT aus 7 Zeichen besteht.

118 2. Auf dem Speicherplatz VAR (I, J) kann in einem bestimmten Moment nur eine Zahl gespeichert werden. Es ist ein einziger Variablenname !
Bevor der Computer diesen Namen benützt, müssen in die Speicherplätze für die Indizes I und J Konkrete ganze positive Zahlen geladen werden. z.B. durch die Ergibtoperationen

I = 5
J = 2.

Dan behandelt der Computer den Namen VAR (I, J) als VAR (5, 2).
(Mehr darüber auf Seite 121)

EITE	FRAGE AUFGABE	ANTWORT LOESUNG

120 Ich habe für die Bauzeit den Namen BZEIT, für das Grundmaterial den Namen MAT und für den Garagentyp den Namen TYP gewählt. Dann habe ich die folgende Tabelle aufgebaut:

BZEIT (MAT, TYP)

Name	BZEIT (1, 1)	BZEIT (1, 2)	BZEIT (1, 3)	BZEIT (1, 4)
Inhalt	3	6	4	4
Name	BZEIT (2, 1)	BZEIT (2, 2)	BZEIT (2, 3)	BZEIT (2, 4)
Inhalt	1	4	2	1
Name	BZEIT (3, 1)	BZEIT (3, 2)	BZEIT (3, 3)	BZEIT (3, 4)
Inhalt	2	5	3	2

Für den Bau einer Garage vom Typ 2 aus Material 3 braucht man laut meiner Tabelle 5 Tage.

Die Baukosten pro Tag habe ich mit dem Namen KOST bezeichnet:

KOST (MAT)

Name	KOST (1)	KOST (2)	KOST (3)
Inhalt	500.00	400.00	700.00

Die Ergibtanweisung zur Berechnung des Preises ist:

```
COMPUTE PREIS = BZEIT (MAT, TYP) * KOST (MAT).
```

für unser Beispiel wäre das Resultat:

PREIS = BZEIT (3, 2) * KOST (3)

5 * 700.00

PREIS ← 3500.00

124 1.

```
P = P + A(I) * B(I)
```

Der Variablenname P muss vorher auf Null gesetzt werden.
Diese Ergibtanweisung wird dann in einer Schleife n-mal ausgeführt.

SEITE	FRAGE AUFGABE	ANTWORT LOESUNG

124 2.

```
      SUMME = Ø                          (A)
      READ N                             (C)
      DO 1 I = 1, N
    1 SUMME = SUMME + A(I)               (B)
      D = SUMME / N
      STOP
```

Wenn Sie nur die Zeilen (A) und (B) geschrieben haben, genügt es. Prima!
Dem Computer muss der jeweilige konkrete Wert von N für jede Ausführung des Programms mitgeteilt werden (C).
Wir nehmen an, dass die Werte A (I) schon vor Ausführung dieses Programms im Arbeitsspeicher des Computers gespeichert sind.

124 3.

Sie haben wahrscheinlich eine andere Lösung gefunden. Das ist üblich. Sie haben schon vorher gesehen, dass man das gleiche Problem auf verschiedene Weise anpacken kann. Ich wäre froh, wenn Sie nun meine Lösung unter die Luppe nehmen würden:

```
      SUMME = Ø
      DO 1 I = 1, 7
    1 SUMME = SUMME + 2 * WERT(2 * I - 1) + WERT(2 * I)
      MITTEL = SUMME / 21
      STOP
```

Für I = 1 werden die Inhalte der Speicherplätze WERT (1) und WERT (2) verarbeitet. Für I = 2 bekommt man die Indizes 2 x 2 - 1 = 3 und 2 x 2 = 4. Und so geht es weiter.

125 1.

a. WERT = 3 + 4 - (-2) = 3 + 4 + 2 = 7 + 2 = 9

b. WERT = 3 * (-2) - 4 = -6 -4 = -10

c. WERT = 3 * (-2 -4) = 3 * (-6) = -18

d. WERT = 2 * 3 / (4 * (-2)) = 2 * 3 / (-8) = 6 / (-8) = -0.75

SEITE	FRAGE AUFGABE	ANTWORT LOESUNG
125	2.	BEST = 100 + 0.2 * PROD.

Zwei Punkte genügen, um eine Gerade eindeutig zu definieren. Diese Eigenschaft können wir bei graphischer Darstellung von jeder linearen Funktion ausnützen.

PROD	0	50	100	150	200	250	300
BEST	100						160

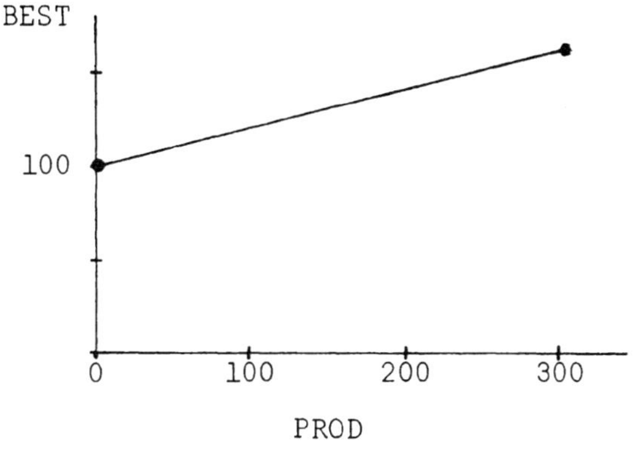

SEITE	FRAGE AUFGABE	ANTWORT LOESUNG
125	3.	PREIS = 40 + 100000 / MENGE

Bei einer nichtlinearen Funktionen müssen wir den Funktionswert (in unserem Fall ist es der Wert von PREIS) für mehrere Punkte berechnen !

MENGE	10000	20000	30000	40000	50000
PREIS	50.00	45.00	43.35	42.50	42.00

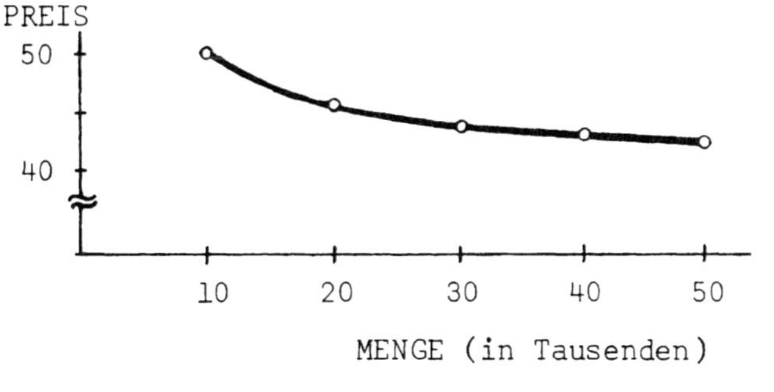

SEITE	FRAGE AUFGABE	ANTWORT LOESUNG

125 4. Beim ersten Betreten des Programmabschnittes PAR2 steht auf dem Speicherplatz WERT eine Null und auf ZAE steht 8Ø. (Siehe die beiden COMPUTE-Anweisungen im PAR1. Es wird also der WERT = Ø + 1ØØ / 8Ø = 1.25 ermittelt und gedruckt. Anschliessend wird ZAE auf 6Ø herabgesetzt und PAR2 zum zweitenmale ausgeführt. Jetzt ergibt sich WERT = 1.25 + 1ØØ / 6Ø = 1.25 + + 1.67 = 2.92 und ZAE = 6Ø - 2Ø = 4Ø.
Im 3. Durchlauf ergibt WERT = 2.92 + 1ØØ / 4Ø = 2.92 + 2.5Ø = = 5.42 und ZAE = 2Ø.
Beim letzen Durchlauf (4 TIMES!) ist WERT = 5.42 + 1ØØ / 2Ø = = 5.42 + 5.ØØ = 1Ø.42.
Es werden also die folgenden Zeilen gedruckt:

```
 1.25
 2.92
 5.42
1Ø.42
```

125 5.

```
PREIS = 3.8 * 0.12 = 0.456   ungerundet
                    +0.005
                    ------
                     0.461

PREIS =              0.46    gerundet.
                     ====
```

126 6.

```
BEDIN = TRUE AND 1000 GREATER 2000.
BEDIN = TRUE AND         FALSE
BEDIN =          FALSE
=====================
```

126 7.

```
DEKO (1, 1, 1) = ABEC (1, 1) * TAB (1) = Ø * 5          =   Ø
DEKO (2, 1, 1) = ABEC (2, 1) * TAB (1) = (-2) * 5       = -1Ø
DEKO (1, 2, 1) = ABEC (1, 1) * TAB (2) = Ø * (-3)       =   Ø
DEKO (2, 2, 1) = ABEC (2, 1) * TAB (2) = (-2) * (-3)    =   6
DEKO (1, 3, 1) = ABEC (1, 1) * TAB (3) = Ø * Ø          =   Ø
DEKO (2, 3, 1) = ABEC (2, 1( * TAB (3) = ( -2) * Ø      =   Ø
DEKO (1, 4, 1) = ABEC (1, 1) * TAB (4) = Ø * (-1)       =   Ø
DEKO (2, 4, 1) = ABEC (2, 1) * TAB (4) = (-2) * (-1)    =   2
DEKO (1, 1, 2) = ABEC (1, 2) * TAB (1) = 3 * 5          =  15
DEKO (2, 1, 2) = ABEC (2, 2) * TAB (1) = 2 * 5          =  1Ø
DEKO (1, 2, 2) = ABEC (1, 2) * TAB (2) = 3 * (.3)       =  -9
DEKO (2, 2, 2) = ABEC (2, 2) * TAB (2) = 2 * (-3)       =  -6
```

DEKO (1, 3, 2) = ABEC (1, 2) * TAB (3) = 3 * Ø = Ø

DEKO (2, 3, 2) = ABEC (2, 2) * TAB (3) = 2 * Ø = Ø

DEKO (1, 3, 2) = ABEC (1, 2) * TAB (4) = 3 * (-1) = -3

DEKO (2, 3, 2) = ABEC (2, 2) * TAB (4) = 2 * (-1) = -2

BESTEN DANK FUER IHRE MITARBEIT

UND AUF WIEDERSEHEN !

IDV-Lernprogramme

Einführung in die Elektronische Datenverarbeitung

PU-Lehrgang mit Steuertext für Sachbearbeiter, zukünftige EDV-Fachleute und EDV-Koordinatoren, Führungskräfte, allgemein Interessierte.
Herausgabe in Buchform (auch als Loseblattwerk erhältlich) zusammen mit ifb/HSG, Coproduktion der Verlage Paul Haupt Bern und de Gruyter, Berlin/New York, Fr. 57.–/DM 48.–

Grundlagen der EDV-Organisation

PU-Lehrgang mit Steuertext für Sachbearbeiter, zukünftige EDV-Fachleute und EDV-Koordinatoren, Führungskräfte, allgemein Interessierte.
Herausgabe in Buchform (auch als Loseblattwerk erhältlich) zusammen mit ifb/HSG, Coproduktion der Verlage Paul Haupt Bern und de Gruyter, Berlin/New York, Fr. 57.–/DM 48.–

Umstellung auf EDV

PU-Lehrgang (Organisationshandbuch + Steuertext)
Organisationshandbuch für die Einführung von EDV-Systemen, (Leitfaden für die methodische Verfahrensweise bei der Einführung von automatisierten Datenverarbeitungs-Systemen) mit IDV-Steuertext inkl. zusätzlichen Organisationstechniken (Entscheidungstabellen usw.) und 51 z. T. komplexen Übungsfragen und ausführlichen Antworten sowie zahlreichen Veranschaulichungen, 112 Seiten Steuertext, Fr. 108.–/DM 88.–

Problemanalyse

PU-Lehrgang (Situationsanalyse, Problembeschreibung, Ursachenfindung, Entscheidungsanalyse, Analyse potentieller Probleme) mit zahlreichen Beispielen.
Ringbuch A 4, 70 Seiten, Fr. 48.–/DM 40.–

Algebra für EDV

PU-Lehrgang mit zahlreichen Lösungsbeispielen in den Programmiersprachen
COBOL und FORTRAN
Herausgabe in Buchform (auch als Loseblattwerk erhältlich). Coproduktion der Verlage Paul Haupt Bern und de Gruyter, Berlin/New York

Moderne Programmablauf-Planung

PU-Lehrgang mit Programmablaufplänen, normierte Programmierung und Entscheidungstabellen, inkl. zahlreichen Lösungsbeispielen.
Herausgabe in Buchform (auch als Loseblattwerk erhältlich), Coproduktion der Verlage Paul Haupt Bern und de Gruyter Berlin/New York

EDV-Projekte

PU-Lehrgang für die Organisation, Planung, Leitung und Abwicklung von Projekten auf dem Gebiet der automatisierten Datenverarbeitung.
Ringbuch A 4, 180 Seiten Fr. 63.30/DM 56.–

FORTRAN

PU-Lehrgang mit zahlreichen Programm-Beispielen.
A 4, 190 Seiten. Herausgabe in Buchform zusammen mit ifb/HSG, Coproduktion der Verlage Paul Haupt Bern und de Gruyter Berlin/New York Fr. 57.–/DM 48.–

Zu bestellen im Buchhandel, bei den Verlagen oder direkt bei

IDV AG für EDV-Ausbildung, Abt. Lehrmittel, Ottikerstrasse 22, 8006 Zürich

FSC
www.fsc.org
MIX
Papier | Fördert
gute Waldnutzung
FSC® C083411

Zeitfracht Medien GmbH
Ferdinand-Jühlke-Straße 7
99095 Erfurt, Deutschland
produktsicherheit@kolibri360.de